高等学校消防工程专业系列教材

HUOZAI ZIDONG
BAOJING XITONG

火灾自动报警系统

主　编⊙赵望达

副主编⊙王飞跃

参　编⊙颜　龙　王峥阳

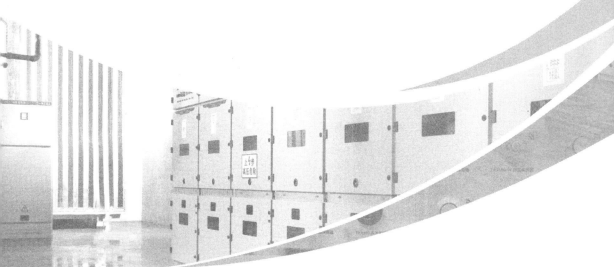

中南大学出版社

www.csupress.com.cn

·长沙·

前　言

20世纪以来，随着建筑行业的不断发展，人类社会中各类建筑无论是高度还是复杂程度都比以往大有增长，但这同时也带来了更为严峻的消防安全问题，因此火灾自动报警系统便应运而生。火灾自动报警系统是一种设置在建筑物中，用以实现火灾早期探测的报警、向各类消防设备发出控制信号，进而实现预定消防功能的一种自动消防设施。火灾自动报警系统使人们能够及时发现火灾，并及时采取有效措施，扑灭初期火灾，最大限度地减少因火灾造成的生命和财产的损失，是人们同火灾作斗争的有力工具。火灾自动报警系统也是包含了多学科的一门综合技术学科。为了满足培养消防工程及建筑行业相关技术人员的要求，作者参考消防及相关专业教学大纲，并根据多年从事消防工程及信息化电气技术研究的经验，编写了这本综合性强、针对性强的教材。

本书是根据全国高等院校消防类专业对于火灾自动报警技术的需求，结合消防类专业的主干课程体系编写的，系统地介绍了火灾自动报警信息技术基础、火灾自动报警系统、火灾自动探测技术、消防联动控制、消防系统供配电与接地、火灾监控新技术等。本书共分为9章，全面介绍了火灾自动报警系统各部分的组成、结构形式以及通信形式，并详细阐述了各类火灾自动探测技术的原理、适用范围及选用准则。此外本书还对消防联动控制中的各类装置的功能和实现方式进行了细节分析，最后结合应用实例系统地阐述了火灾自动报警系统在目前的各类建筑物中的应用情况。

本书内容新颖、体系全面、理论突出、密切结合实际，内容涉及火灾自动报警系统的基本概念、系统组成以及实现该系统所涉及的各项设备及信息技术基础知识。

本书由中南大学土木工程学院负责消防工程"火灾自动报警系统"课程的教学团队

组织编写工作。赵望达教授担任主编并负责统稿，王飞跃教授任副主编，颜龙副教授、王峥阳博士参加编写工作。具体编写分工为：赵望达教授负责编写第1、3、5、6、8、9章，王飞跃教授负责编写第7章，颜龙副教授负责编写第4章，王峥阳博士负责编写第2章。研究生王向维、刘玉杰、陈维相、王娅芳、刘耀辉、梁印、欧阳日程、谢恩、王天雄、陈沛桢、李琪、何晓宇、郭一航、石朗、刘春丽等在书稿资料整理过程中付出了辛勤的劳动，在此表示诚挚的感谢！

本书可作为高等院校消防工程、土木工程等专业的本科生教材，也可作为相关专业工程技术人员的参考书。

本书编写过程中参考并引用了大量的书刊资料及有关单位的一些科研成果和技术总结，在此谨向这些文献的作者表示衷心的感谢。笔者在力图认真总结火灾自动报警系统教学和实践的同时，集理论与应用于一体，按独立的学科体系搭建本书的框架结构，但因本书所涉及学科领域较多，需要的知识面较广，以及限于作者水平及经验，不妥之处在所难免，敬请读者和同行给予批评指正。

作 者

2023 年 1 月

目 录

第1章

绪　论

1.1　火灾自动报警系统基本概念

1.1.1　火灾产生发展过程

火灾，是指在时间和空间上失去控制的燃烧所造成的伤害，是可燃物与氧化剂发生相互作用的一种氧化还原反应，所以产生火灾的必要条件有可燃物、氧化剂和着火源以及它们之间的相互作用。通常将可燃物、氧化剂和着火源称为燃烧三要素，但只有燃烧三要素而没有相互作用则不会产生火灾。

火灾的发生可以按可燃物的种类进行划分，分别为固体、液体、气体可燃物的着火。

1. 固体可燃物的着火

固体可燃物在着火之前，一般因受热而发生热分解，在热分解过程中，释放出可燃性气体，剩下的基本上是由碳和灰分组成的固体残留物。可燃性气体如果遇到适量的空气并且具有足够高的温度，那么就会着火燃烧，形成气相火焰。而固体残留物常常在可燃性气体开始燃烧或几乎全部可燃性气体燃烧掉之后才开始燃烧，称为固体表面燃烧。

2. 液体可燃物的着火

液体可燃物燃烧时其火焰并不会贴在液面上，而是在液面上方空间的某个位置，这是因为液体可燃物着火前先蒸发，在液面上方形成一层可燃物蒸气，并与空气混合形成可燃混合气。液体可燃物的燃烧实际上是可燃混合气的燃烧，是一种气态物质的均相燃烧。

液体蒸发汽化过程对液体可燃物的燃烧起决定性的作用。闪点是表示蒸发特性的重要参数。液体可燃物闪点越低，越易蒸发，反之则不易蒸发。

3.气体可燃物的着火

气体可燃物的着火方式有两种：自燃和强迫着火（点燃）。自燃是可燃物质在没有外来明火源的作用下，靠热量的积聚达到一定温度而发生的燃烧并分解出可燃气体，同时释放出少量热能。当温度达到260~270℃时，释放出的热能剧烈增加，这时即使撤走外界热源，气体可燃物仍然可依靠自身产生的热能来提高温度，并使其温度超过燃点温度而出现自燃现象——发焰燃烧。强迫着火或点燃（引燃）是指一个冷的反应混合物被炽热的高温物体在局部迅速加热，并在高温物体附近引发火焰，该局部火焰可再把邻近的混合气点燃并传播开来，从而使整个混合气燃烧起来。

4.室内火灾的着火

从图1-1中可以看出，根据火灾温度随时间的变化特点，可将火灾的形成过程分为三个阶段，即初期增长阶段（AB段）、全面发展阶段（BC段）、火灾熄灭阶段（C点以后）。

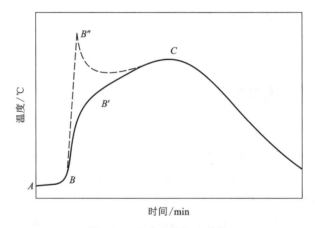

图1-1 室内火灾温度曲线

（1）火灾初期增长阶段

室内发生火灾后，最初只是起火部位及其周围的可燃物起火燃烧。火灾初期增长阶段的特点：在火灾初期阶段，起火点的局部温度较高，但室内各点的温度极不均衡。由于可燃物燃烧性能、分布、通风、散热等条件的影响，燃烧发展比较缓慢，且燃烧发展不稳定，有可能形成火灾，也有可能中途自行熄灭。

火灾初期增长阶段需要注意以下两个问题：

①火灾初期阶段持续时间。

火灾初期阶段的燃烧面积不大，火场的温度比较低，可能很少引起人员的注意，但是火灾初期阶段持续的时间对疏散人员、抢救物资及保障灭火指战员的人身安全具有重要的意义。

火灾初期阶段持续时间的长短与燃烧条件有很大关系，可燃物和建筑材料的燃烧性能在火灾初期阶段的影响作用比较明显，因为在此时燃烧面积小、温度低、燃烧不稳定，如果火源附近的可燃物被烧尽，建筑材料不燃烧则不可能使火灾蔓延，燃烧就会自行中断。假如初始火灾发生在木板墙脚下或纤维板吊顶下面，则会蔓延成灾。因为建筑物中可燃墙和吊顶有较大的燃烧面积，能使火焰在表面迅速蔓延，释放出大量的热量，从而助长火势发展，缩短火灾初期阶段的持续时间。为防火安全，建筑物应尽可能使用不可燃建筑材料或使用经阻燃处理的建筑材料。

形成稳定的燃烧需要积蓄大量的热，而在点火初期，如果火源能量较小且通风散热良好不利于热量积累，会延缓火灾的发展。当减少通风量，便有利于热量积累，缩短火灾初期阶段持续的时间。而当用汽油点火时，由于火源能量大，如门窗大开，通风良好，燃烧猛烈，火灾初期阶段持续的时间就短；反之，如果门窗紧闭，空气供应不足，燃烧缓慢，火灾初期阶段持续的时间就长，甚至会出现自行熄灭现象。

②火灾初期阶段燃烧的过程。

室内火灾由局部起火发展到全面燃烧可能有两种形式：一种是明火点燃，另一种是密闭空间内的大量高温可燃气体遇新鲜空气发生爆燃。明火点燃是指热解的可燃气体流向起火点被点燃，或是起火点的热烟夹带火星飞落到未燃区，将温度较高的可燃物点燃。火灾初期，如果氧气供给不足，燃烧呈阴燃状态，室内的可燃物均处于无焰燃烧状态，房间内积聚热量使温度较高、浓度较大、数量较多的可燃气体与空气混合形成气体混合物，一旦开启房门或窗玻璃破裂，大量新鲜空气迅速进入，室内的气体混合物迅速自燃，形同爆炸，整个起火房间内出现熊熊火焰，室内可燃物被全面点燃，迅速进入火灾全面发展阶段。

火灾初期是灭火最为有利的时机。在起火的初期阶段，如果人们及早发现，由于燃烧面积小，及时灭火，不会发展成灾。为了尽早发现起火，并抓住有利时机及时灭火，在建筑物中最好能够安装火灾自动报警装置和自动灭火装置。

（2）火灾全面发展阶段

在火灾初期阶段后期，火灾范围迅速扩大，当火灾房间温度达到一定值时，积聚在房间内的可燃气体突然起火，整个房间都充满了火焰，房间内所有可燃物表面部分都卷入火灾之中，燃烧很猛烈，温度快速升高。这种房间内局部燃烧向全室性燃烧过渡的现象通常称为轰燃。轰燃是室内火灾最显著的特征之一，它标志着火灾全面发展阶段的开始。对于安全疏散而言，人们若在轰燃之前还没有从室内逃出，则很难幸存。

轰燃发生后，房间内所有可燃物都在猛烈燃烧，放热速度很快，因而房间内温度升高很快，并出现持续性高温，最高温度可达 1100℃ 左右。火焰、高温烟气从房间的开口部位大量喷出，把火灾蔓延到建筑物的其他部分。室内高温还对建筑物构件产生热作用，使建筑物构件的承载能力下降，甚至造成建筑物局部或整体倒塌破坏。

室内火灾进入全面发展阶段后可燃物燃烧猛烈，燃烧处于稳定期，可燃物的燃烧速度接近于定值，火灾温度上升到最高点。火灾全面发展阶段时间主要取决于可燃物燃烧性能、可燃物数量和通风条件，而与起火原因无关。实验发现，火灾全面发展阶段燃烧的可燃物约为整个火灾过程中烧掉的可燃物总量的 80%。

在火灾全面发展阶段，室内可燃物被全面点燃，进行稳定燃烧，建筑物构件处于浓烟烈火包围之下，因此建筑结构的耐火性能显得格外重要，这要求人们在建筑设计中，注意选用耐火性能好、耐火时间长的结构，以便加强防火安全。为了减少火灾损失，阻止热对流，限制燃烧面积扩大，建筑物应有必要的防火分隔措施。

（3）火灾熄灭阶段

在火灾全面发展阶段后期，随着室内可燃物的挥发物质不断减少，以及可燃物数量的减少，火灾燃烧速度递减，温度逐渐下降。当室内平均温度降到温度最高值的80%时，则一般认为火灾进入熄灭阶段。随后，房间温度明显下降，直到把房间内的全部可燃物烧尽，室内火灾进入熄灭阶段后，室内可供燃烧的物质减少，温度开始下降。实验发现，室内温度衰度趋于一致，火灾宣告结束。

火灾进入熄灭阶段后，室内可供燃烧的物质减少，温度开始下降。实验发现，室内温度衰减的速度与火灾持续时间有如下关系：火灾持续时间越长，其衰减速度越慢。火灾持续时间在 1 h 以下时，室内火灾温度衰减速度约为 12℃/min；火灾持续时间大于 1 h 时，其衰减速度约为 8℃/min。

从火灾的整个过程来看，火灾中期的后半段和末期的前半段温度最高，火势发展最猛，热辐射也最强，使建筑物遭受破坏的可能性最大，是火灾向周围建筑物蔓延最为危险的时期。因此，在火灾熄灭阶段的前期，室内温度仍较高，火势较猛烈，热辐射较强，对周围建筑物仍有很大威胁。

实际灭火战斗中应注意堵截包围，防止火势蔓延，切不可疏忽大意。此外，还应防止建筑物构件因经受火焰的高温作用和灭火射水的冷却作用出现裂缝、下沉、倾斜或倒塌，要充分保障灭火人员的生命安全。

1.1.2 火灾自动报警系统

火灾自动报警系统是由探测装置、火灾报警装置、联动输出装置以及其他辅助功能装置组成的系统。这一系统监测火灾隐患，将火灾初期的物理参数传输到报警控制器，发出声或光报警；由控制器对火灾发生的时间、地点和过程进行记录，并启动联动装置灭火和防灾减灾，是建筑设备自动化系统（BAS）的重要组成部分。

火灾自动报警系统的结构与形式越来越灵活多样，根据联动功能的复杂程度及报警保护范围的大小，一般分为区域报警器系统、集中报警器系统和远程监控网络中心三种基本形式。目前，火灾自动报警技术的发展趋向于智能化与网络化。其中，城市的远程监控网络中心可对火灾现场的消防、疏散、交通、水电气和通信等各类管网进行综合调度指挥。

高层建筑或智能化建筑中的火灾自动报警系统是高层建筑或智能化建筑整个消防系统的一部分，具体地说，是消防系统的电气控制部分和系统集成中心。在建筑工程中，高层建筑及智能化建筑火灾自动报警系统设计、施工归属建筑电气设计、施工范畴，是在建筑专业的总体规划下，建筑结构、建筑设备、建筑电气等专业相互密切配合、紧密关联所组成的高层建筑或智能化建筑的消防安全监控系统。

高层建筑或智能化建筑电气设计的内容较为广泛，其重点是强调"消防"和"管理"两个方面。所谓"消防"主要是指建筑物火灾的早期预防及发生火灾后的扑救及疏散问题；所谓"管理"主要是指空调、电梯、供水、供电等机电设备的自动化运行、管理及其节能控制问题。这两个方面的问题对于多功能建筑来说是必须注意的问题，但对于高层建筑或智能化建筑而言, 由于其自身起火因素多、火势蔓延快、火灾扑救和人员物资疏散困难等特点, 决定了消防安全问题比管理自动化问题更为重要。基于这一基本思想, 高层建筑或智能化建筑电气设计必须包含火灾自动报警系统设计内容并构成消防安全集成中心, 同时, 其配电和照明系统、机电设备控制系统、节能控制系统等也必须符合消防安全要求。

1. 火灾自动报警系统基本结构

"火灾自动报警系统"实际上是"火灾探测报警和消防设备联动控制系统"的简称, 它是依据主动防火对策, 以被监测的各类建筑物、油库等为警戒对象, 通过自动化手段实现早期火灾探测、火灾自动报警和消防设备连锁联动控制。所以, 火灾自动报警系统主要包括了火灾探测及自动报警系统、自动灭火控制系统和消防疏导指示系统等, 其结构示意如图 1-2 所示。

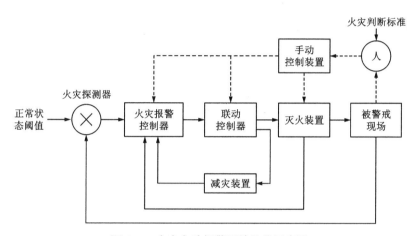

图 1-2　火灾自动报警系统结构示意图

在火灾自动报警系统中, 火灾探测器长年累月地监测被警戒的现场或对象, 当监测场所或对象发生火灾时, 火灾探测器检测到火灾产生的烟雾、高温、火焰及火灾特有的气体等信号并转换成电信号, 经过与正常状态阈值或参数模型分析比较, 给出火灾报警信号, 通过火灾报警控制器上的声光报警显示装置显示出来, 通知消防人员发生了火灾。同时, 火灾自动报警系统通过火灾报警控制器启动警报装置, 告知现场人员投入灭火操作或从火灾现场疏散; 启动断电控制装置、防排烟设备、防火门、防火卷帘、消防电梯、火灾应急照明、消防电话等减灾装置, 防止火灾蔓延、控制火势和求助消防部门支援; 启动消火栓、水喷淋、水幕、气体灭火系统及装置, 及时扑灭火灾, 减少火灾损失。一旦火灾被扑灭, 整个火灾自动报警系统又回到正常监控状态。显然, 要使火灾自动报警系统充分发挥作用, 对火灾实现拟人化的监测和分析判断, 要求火灾自动报警系统将微电子技术、微机控制技术、智能数据处理技术和火灾模化技术融入系统主机——火灾报警控制器, 使之结构紧凑、功能完善、使用灵活方便。

必须指出, 在火灾自动报警系统中起主导作用的是人, 要求借助系统并尽可能通过值班人员的大脑思维判断，作出发生火灾的结论并启动相应连锁联动装置，控制火势、扑救火灾。火灾自动报警系统的组成结构及功能关系如图1-3所示。

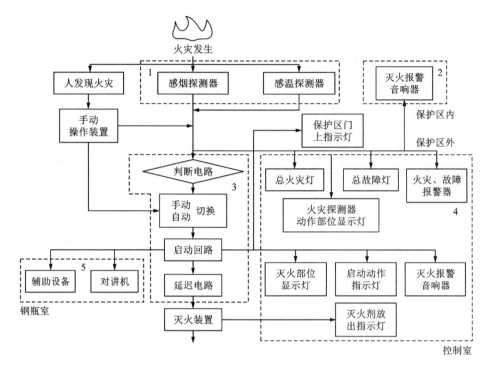

1—火灾探测；2—火灾警报；3—火警判断；4—声光显示；5—火警通信。

图1-3 火灾自动报警系统的组成结构及功能关系

2. 火灾自动报警系统基本性能

综合上述可见，高层建筑及现代建筑中的火灾自动报警系统是一种以火灾现象为监测对象，根据防灾要求和特点而设计、构成和工作，能够及时发现和通报火情，并采取有效措施控制和扑灭火灾，设置在高层建筑或智能化建筑物中的自动消防设施。它是将高层建筑或智能化建筑火灾消灭在萌发状态，最大限度地减少火灾危害的有力工具。随着社会对消防和救灾抢险工作提出越来越高的要求，消防技术设施和消防技术装备的现代化需求促进了火灾自动报警系统的广泛应用和技术发展，火灾自动报警系统作为有效的消防技术手段之一，也越来越显示出它的重要性。

从在高层建筑及智能化建筑中发挥的作用来看，火灾自动报警系统是设置在大跨度框架式建筑结构中的火灾自动报警及消防设备联动控制系统，它具备先进的火灾探测技术和独特的报警装置的高分辨率，不仅能显示出大楼内火警所在的位置和区域，还能进一步分辨出处在报警状态的具体装置编号以及装置的类型、本大楼消防系统的具体处理方式等，可以使大楼的灯光、照明、配电、音响与广播、电梯等装置，通过中央监控装置或系统实现联动控制，还可以进一步与整个大楼的通信、办公和保安系统联网，实现大楼的综合自动

化。当高层建筑或智能化建筑发生火灾时，该系统要能及时探测、鉴别并启动通信系统自
动对外报警，根据各楼层人员情况显示最佳疏散、营救方案，启动各类自动消防子系统，
同时自动关闭不必要的电力系统和办公系统，并根据火灾状态分配供水系统，启动防排烟
设施等。所以，从消防安全需要出发，高层建筑或智能化建筑火灾自动报警系统应该采用
相关规范要求的系统设计模式，并应具备以下几个方面的性能要求：

①具有模拟量或智能化火灾探测方法和总线制系统结构。
②现场火灾探测器或传感器能采集动态数据并有效传输。
③报警控制器具有火灾识别模型，火灾报警可靠、及时，误报率低。
④系统具有报警阈值自动修正、灵敏度分时调整和火灾模式判优等功能。
⑤系统工作稳定，兼容性强，消防设备联动控制功能丰富，逻辑编程便利。
⑥系统具有数据共享、电源与设备监控、网络服务和消防设备管理功能。
⑦系统具有良好的人机界面和应用软件，具有综合管理和服务能力。

必须指出，智能化建筑一般用于可靠性高、安全性高、舒适性强、反应要求灵敏的对
象，或是能源消耗高且有很大节约潜力的对象。尽管智能化建筑对其火灾自动报警系统提
出了较高的要求，尤其是在数据共享、设备监控和综合管理方面，性能要求明显高于一般
的高层建筑，但是，智能化建筑并不强调是否拥有最先进的火灾自动报警系统及供电照
明、通风空调、供水供暖、节能控制等机电设备与系统，而要求这些设备系统在满足智能
化建筑基本要求的前提下有机地联系在一起并发挥作用。

3. 火灾自动报警系统基本要求

火灾的早期发现和扑救具有极其重要的意义，它能将损失控制在最小范围，并且防止
造成灾害。在高层建筑及智能化建筑中设置火灾自动报警系统的目的，是要将火灾消灭在
萌发状态，最大限度地减少火灾危害，满足高层建筑或智能化建筑防火安全方面的性能要
求。一旦发生火灾，火灾自动报警系统应能及时探测、鉴别、判定火灾并启动通信系统自
动对外报警，联动控制配电、广播音响、电梯和自动消防设施，显示最佳疏散、营救方案，
自动关闭不必要的电力系统和办公系统，根据火灾发展状况分配供水系统、启动防排烟设
施，以及实现火警信息联网通信等。基于这种思想和高层建筑以及智能化建筑以自救为主
的消防指导原则，我国的消防技术规范《建筑设计防火规范》（GB 50016—2014，2018 年
版）、《建筑内部装修设计防火规范》（GB 50222—2017）和《火灾自动报警系统设计规范》
（GB 50116—2013）等对火灾自动报警系统及其技术产品提出了以下一些基本要求：

①确保建筑物火灾探测和报警功能有效，保证不漏报真实火灾。
②克服环境因素对系统的影响，减少系统的误报率。
③确保系统工作可靠稳定，信号传输准确及时。
④要求系统具有设计灵活性和产品成系列兼容性，适应不同工程需要。
⑤要求系统工程适用性强，系统布线简单、灵活、方便。
⑥要求系统应变能力强，为工程调试、系统管理和维护提供方便。
⑦要求系统的性能价格比高。
⑧要求系统联动功能丰富，联动逻辑多样，控制方式有效。

总之，火灾自动报警系统是确保现代高层建筑及智能化建筑免除或减轻火灾危害的极其重要的安全设施，正确合理地设计、安装火灾自动报警系统是现代高层建筑及智能化建筑电气设计、施工的一项重要内容。因此，对于从事消防系统工程和建筑电气技术工作的工程技术人员而言，系统掌握高层建筑及智能化建筑火灾自动报警系统的组成原理、结构特点，熟悉火灾自动报警系统主要设备装置的电路原理、技术性能，掌握消防技术规范的相关要求和火灾自动报警系统工程设计、安装调试等规则是必不可少的。

4. 火灾自动报警系统的作用

火灾自动报警系统的主要作用是负责火警监控及消防工作的指挥，迅速有效地组织灭火及安全疏散，将火灾引起的损失降到最低限度。

组成火灾自动报警系统的设备和器件，结构紧凑，反应灵敏，特别是随着智能化设备及器件的开发与应用，火灾自动报警系统的结构更趋于微型化及多功能化。

火灾自动报警系统在功能上可实现自动监测防火现场，自动确认火灾，自动发出声、光警报，自动启动灭火设备灭火，自动排烟，自动封闭火区等，还能实现向城市或地区消防队发出救灾请求，进行对讲联络等。

5. 火灾自动报警系统的工作原理

火灾自动报警系统将由设置在保护现场的火灾探测器提供的反馈信号送到系统给定端，将反馈值与系统给定值即现场正常状态(无火灾)时的烟雾浓度、温度(或温度上升速率)及火光照度等参数的规定(标定)值一并送入火灾报警控制器。火灾报警控制器运算、处理这两个信号的差值时要有一段适当的延时。火灾报警控制器在这段时间内对信号进行逻辑运算、处理、判断、确认。只有确认是火灾时，火灾报警控制器才发出系统控制信号，于是控制系统输出指令，即发出声光警报、启动减灾设备和启动灭火设备，实现快速、准确灭火。

1.2 火灾自动报警系统与其他学科的关系

1.2.1 建筑防火

在"以人为本，生命第一"的今天，建筑物内设置的消防系统的第一任务就是保障人身安全，这是消防系统设计最基本的理念。从这一基本理念出发，就会得出这样的结论：尽早发现火灾，及时报警，启动有关消防设施，引导人员疏散；如果火灾发展到需要启动自动灭火设施的程度，就应启动相应的自动灭火设施，扑灭初期火灾；启动防火分隔设施，防止火灾蔓延。自动灭火系统启动后，火灾现场中的幸存者就只能依靠消防救援人员帮助逃生了，因为火灾发展到这个阶段时，滞留人员由于毒气、高温等原因已经丧失了自我逃生的能力。图1-4给出了与火灾相关的几个消防过程。

火灾预警 → 火灾发生 → 探测报警 → 人员疏散 → 自动灭火 → 消防救援

图 1-4 与火灾相关的消防过程示意

探测报警与自动灭火之间是至关重要的人员疏散阶段，这一阶段根据火灾发生的场所、火灾起因、燃烧物等因素不同，有几分钟到几十分钟不等的时间，可以说这是直接关系到人身安全最重要的阶段。因此，在任何需要保护人身安全的场所，设置火灾自动报警系统均具有不可替代的重要意义。只有设置了火灾自动报警系统，才会提前告知火灾现场的人员，才会形成科学有效的疏散和留有足够的疏散时间，也才会有科学有效的应急预案。我们所说的疏散是指有组织的、按预订方案撤离危险场所的行为，确定火灾发生的部位是疏散预案的起点。没有组织地离开危险场所的行为只能叫逃生，不能称为疏散。

在保护建筑物及建筑物内的财产方面，火灾自动报警系统也起着不可替代的作用。眼下功能复杂的高层建筑、超高层建筑及大体量建筑比比皆是，其火灾危险性很大，一旦发生火灾会造成重大财产损失；保护对象内存放重要物质、物质燃烧后会产生严重污染及施加灭火剂后导致物质价值丧失的这些场所均应在保护对象内设置火灾预警系统，在火灾发生前，探测可能引起火灾的征兆特征，防止火灾发生或在火势很小尚未成灾时就及时报警。电气火灾监控系统和可燃气体探测报警系统均属火灾预警系统。

建筑火灾从初期增长、全面发展到火灾熄灭的全过程，是随着时间的推移而变化的，然而受火灾现场可燃物、通风条件及建筑结构等多种因素的影响，建筑火灾各个阶段的发展以及从一个阶段发展至下一个阶段并不是一个时间函数，即发展过程所需的时间具有很大的不确定性。但是火灾在发展到特定的阶段时具有一定共性的火灾特征，建筑内设置的消防设施的消防功能是针对火灾不同阶段的火灾特征而展开的，这也是指导火灾探测报警、联动控制设计的基本设计思想。

（1）火灾的早期探测和人员疏散

建筑火灾在初期增长阶段一般首先会释放大量的烟雾，设置在建筑内的感烟火灾探测器在监测到防护区域烟雾的变化时做出报警响应，并发出火灾警报警示建筑内的人员有火灾事故的发生；启动消防应急广播系统指导建筑内的人员进行疏散，同时启动应急照明及疏散指示系统、防排烟系统，为人员疏散提供必要的保障条件。

（2）初期火灾的扑救

随着火灾的进一步发展，可燃物从阴燃状态发展为明火燃烧并伴有大量的热辐射，温度的升高会启动设置在建筑中的自动喷水灭火系统或导致火灾区域设置的感温火灾探测器等动作，火灾自动报警系统按照预设的控制逻辑启动其他自动灭火系统对火灾进行扑救。

（3）有效阻止火灾的蔓延

到全面发展阶段，火灾开始在建筑中蔓延，这时火灾自动报警系统将根据火灾探测器的动作情况按照预设的控制逻辑联动防火卷帘、防火门及水幕系统等防火分隔系统，以阻止火灾向其他区域蔓延。

综上所述,设计人员应首先根据保护对象的特点确定建筑的消防安全目标,系统设计的各个环节必须紧紧围绕设定的消防安全目标进行;同时设计人员应了解火灾不同阶段的特征,清楚建筑各消防系统(设施)的消防功能,并掌握火灾自动报警系统和其他消防系统在火灾时动作的关联关系,以保证各系统在火灾发生时,各建筑消防系统(设施)能按照设计要求协同、有效地动作,从而确保实现设定的消防安全目标。

1.2.2 防排烟技术

建筑物发生火灾后,烟气在建筑物内不断流动传播。据测定分析,烟气中含有一氧化碳、二氧化碳、氟化氢、氯化氢等多种有毒成分,高温缺氧也会对人体造成危害。同时,烟气有遮光作用,使人的能见距离下降,这给疏散和救援活动造成了很大的障碍。日本、英国对火灾中造成人员伤亡的原因的统计结果表明,由于吸入一氧化碳或其他有毒烟气中毒窒息而死亡的死者占火灾总死亡人数的40%~50%,最高达65%以上。因此,根据国家《建筑设计防火规范》(GB 50016—2014,2018年版)的要求,建筑物应设置防排烟设施,阻止烟气向防烟分区以外扩散,以确保建筑物内人员的顺利疏散、安全避难和为消防人员创造有利的扑救条件。

对火灾区域实行排烟控制,使火灾产生的烟气和热量能迅速排除,以利于人员的疏散和对火灾的扑救;对非火灾区域及疏散通道等,应迅速采用机械加压送风防烟措施,使该区域的空气压力高于火灾区域的空气压力,阻止烟气的侵入,控制火势的蔓延。如美国西雅图市的某大楼的防烟排烟系统采用了计算机控制,在收到烟气或热感应器发出的信号后,计算机立即命令空调系统进入火警状态,火灾区域的风机立即停止运行,空调系统转而进入排烟动作。同时,非火灾区域的空调系统继续送风,并停止回风与排风,使非火灾区处于正压状态,以阻止烟气侵入。这种防烟、排烟系统对减少火灾损失是很有效的。

防烟、排烟系统的设计理论就是根据火灾烟气的流动规律,通过防排烟设施的联动,完成对烟气控制的理论。防排烟设施主要包括正压风机、排烟风机、正压送风阀、防火阀、排烟阀、防火卷帘和防火门等。

火场的烟气,包括烟雾、有毒气体和热气,其不但会影响到消防人员的扑救,而且会直接威胁人身安全。火灾时,水平和竖直分布的各种通风、空调系统的管道及竖井、楼梯间、电梯井等是烟气和火灾蔓延的主要途径。为了防止火灾通过管道从一个防火分区蔓延到另一个防火分区,在防火分区的交界处应设置防火阀。根据《建筑设计防火规范》的要求,在空调送风的回风干管上,应设防火阀,其作用是在火灾中防止烟火通过风管通道蔓延,故在风管穿越防火区隔墙处应设防火阀。这些防火阀应为电动防火阀,平时为开启状态;火灾时自动关闭。当发生火灾时,消防联动控制器在接收到该防护区的两个及以上独立的火灾探测器或者一个火灾探测器和一个手动报警按钮等设备的报警信号后,就关闭该防护区及相邻防护区的防火网(早期还有人工操作关闭防火阀和温度为76℃的熔断器熔断关闭防火阀的方法),停止相关空调送风,并有信号返回消防控制室,在控制器上显示防火阀关闭、空调停止运行等信息。防火阀复位用手动方式。发生火灾时,同时启动相关部位的排烟设施,防止火灾烟气对人的伤害,把火灾烟气排出建筑物之外或者利用加压送风建立正压无烟区空间，将烟气控制在一定的区域内，因此，防排烟系统能改善着火地点的环境，使建筑内的人员能安全撤离现场，使消防人员能迅速靠近火源，用最短的时间抢救濒危的生命，用最少的灭火剂在损失最小的情况下将火扑灭。此外，它还能将未燃烧的可燃性气体在尚未形成易燃烧混合物之前加以驱散，避免轰燃或烟气爆炸的产生。

1.2.3 给排水工程

自动喷水灭火系统是一种全天候的固定式自动主动消防系统，在火灾时喷头的热敏元件对环境温度产生反应，喷头自动打开，并把水均匀地喷洒在着火区域，快速抑制燃烧，以实现火灾的初期控制，最大限度地减少生命和财产损失。有记载的世界上第一套简易自动喷水灭火系统于1812年安装在英国伦敦皇家剧院，距今已有200余年历史，而我国的自动喷水灭火系统应用也有90余年的历史。据统计，随着技术水平的提高，目前自动喷水灭火系统灭火控火成功率平均在96%以上，像澳大利亚、新西兰等国家灭火控火率达99.8%，有些国家和地区甚至高达100%。国内外自动喷水灭火系统的应用实践和资料证明，该系统除灭火控火成功率高以外，还具有安全可靠、经济实用、适用范围广、使用寿命长、在自动灭火的同时具有自动报警等优点。

自动喷水灭火系统是由洒水喷头、报警阀组、水流报警装置、管道及供水设施组成，并能在火灾发生时喷水、灭火的自动灭火系统。要使自动喷水灭火系统安全、有效地工作，火灾探测装置的正确发现火灾，消防联动控制系统的准确定位、及时发出控制信号具有非常重要的作用。

1.3 火灾自动报警系统发展趋势

1.3.1 火灾自动报警系统的形成和发展

1. 火灾自动报警系统的形成

随着现代建筑消防系统的发展，火灾自动报警系统的结构、形式更加灵活多样，尤其近年来，各科研单位与厂家合作推出了一系列新型火灾报警设备，同时由于在楼宇智能化系统中的集成及不同的网络需求又开发出一些新的系统。火灾报警系统将越来越向智能化系统方向发展，这就为系统组合创造了更加方便的条件，可构成不同的网络结构。

1847年美国牙科医生坎宁（Chamling）和缅因大学教授法莫（Farmer）研究出世界上第一台城镇火灾报警发送装置，拉开了人类开发火灾自动报警系统的序幕。此阶段主要是感温探测器获得成功，感烟火灾探测器开始登上历史舞台。20世纪70年代末，光电感光探测器形成。20世纪80年代随着电子技术、计算机应用及火灾自动报警技术的不断发展，各种类型的探测器在不断地形成，同时也在线制上有了很多的改进。

2. 火灾自动报警系统的发展

在我国，火灾自动报警设备的研究、生产和应用起步较晚，20 世纪 50—60 年代基本上是空白。20 世纪 70 年代开始创建，并逐步有所发展。20 世纪 80 年代，随着我国现代化建设的迅速发展和消防工作的不断加强，火灾自动报警设备的生产和应用有了较大发展。特别是随着《建筑设计防火规范》《火灾自动报警系统设计规范》《火灾自动报警系统施工及验收规范》等消防技术法规的深入贯彻执行，全国各地许多重要部门、重点单位、要害部位和重要公共场所等，越来越普遍地安装使用了火灾自动报警系统。火灾自动报警系统在国民经济建设的各行各业，特别是在工业与民用建筑的防火工作中，发挥着越来越重要的作用，成为现代消防不可缺少的安全技术设施。

3. 火灾自动报警系统的发展趋势

火灾自动报警系统的技术发展与微电子技术、计算机技术、通信技术和信息技术密切相关，还包含了光电子技术、传感器技术、自动控制技术、热工技术、特殊材料、化工等专业领域的知识。火灾自动报警系统的发展趋势主要涉及下列几个方面。

以模拟量数据传输为基础的模拟量火灾自动报警系统是 20 世纪 80 年代兴起的新一代火灾自动报警系统。在国外，有关企业竞相开发、生产模拟量火灾自动报警系统，其发展特点是智能化程度逐步提高，功能愈来愈完善，计算机应用软件趋向于视窗化。预计国外在今后几年内，模拟量火灾自动报警系统将取代传统系统，获得广泛应用。近年来，我国一些厂家也推出了真正的模拟量火灾自动报警系统。

可寻址开关量火灾报警系统和分级报警式火灾自动报警系统作为"初级智能"的火灾自动报警系统获得普及应用。在此基础上，以火灾模块化技术为基础的、具有像人的感觉器官那样高可靠度的火灾探测功能的高级智能化火灾自动报警系统正在研制，其特点是先进的、高可靠度的各类传感器与计算机配合，采用人工神经网络等先进火灾探测算法实现火灾判定，最终产生具有感觉器官和自动消防功能的机器人。我国目前实现了依据火的光谱特性和火灾图像特征，利用图像识别技术判别真假火灾，并获得实际应用。

在国外近期建成的大型综合性高层建筑和智能化建筑中采用多级计算机分级管理方式的先进的火灾自动报警系统，满足了智能化建筑将楼宇内防灾、电力、空调、节能、设备监控管理组合在一个完整的计算机管理系统的需要。

20 世纪 90 年代前后，火灾自动报警系统自身结构以微型计算机为主体，从多线制系统连接过渡到了总线制。随着现代建筑技术的发展，火灾自动报警系统趋向于以工业控制机为主体、以现场总线为基础实现开放式功能连接。

专用集成电路设计与应用技术将成为智能化火灾参数传感器的核心。目前国外已在一块硅片上集成了相当于人眼的光电转化部分、相当于人视觉神经的信号传输部分和相当于人脑的记忆和演算部分，这种传感器的批量生产将进一步促进火灾自动报警系统的智能化。

以火灾探测算法为基础的烟、温复合式火灾探测器已批量生产并被工程应用，提高了火灾自动报警系统的报警及时性和可靠性。在此基础上的三参数复合式及多参数复合式火灾探测器的研究将有利于现有火灾自动报警系统可靠性的进一步提高。

无线遥控式火灾自动报警系统已在国外逐步实现产品化，这对于消防电子产品，尤其是火灾探测报警系统的及时性具有巨大的推动作用。

计算机多媒体和数据库技术有助于实现计算机火灾报警语音化和长期数据存储，所有火灾预警、火警都采用语音提示人们处置，同时自动记录火灾现场各种数据参数，供人们分析火灾原因。

以微粒分析和激光技术为基础的高精度火灾参数分析和超早期火灾报警技术，在国外已实现产品化，并且在我国电信、电力等部门及超大规模集成电路生产厂房中获得应用，国内相关研究及技术标准需及时跟上。

火灾自动报警系统的核心技术在火灾探测器，火灾探测器的协议开放技术有利于解决火灾探测报警产品互相兼容问题。国外具有协议开放技术的火灾探测器已形成规模化生产能力，国内有个别厂家解决了火灾探测器协议开放问题，但不具备规模生产能力。

1.3.2　信息技术在火灾自动报警系统中的应用

在火灾自动报警系统中，最大限度地提高火灾探测器的灵敏度并降低误报率是一个永恒的主题。随着信息科学技术的发展，基于多传感器的信息或数据融合技术逐渐得到广泛的应用。数据融合技术产生于 20 世纪 70—80 年代，这一技术把多种传感器获得的数据进行"融合处理"，可以得到比任何单一传感器所获得数据更多的有用信息。数据融合处理的对象不仅是数据，也包括图像、音频、符号等，于是形成了一种共识的概念，谓之"多源信息融合"。简单地说，多源信息融合是指对多个载体内的信息进行综合处理以达到某一目的。近年来信息融合在众多领域内得到了广泛的发展。

在火灾探测的应用领域，这一技术首先需要对探测器信息进行有效处理，然后再利用数据融合算法对多种探测器的信息进行综合归纳和判断。采用数据融合技术有助于降低误判率并提高早期火灾预警的灵敏度和可靠性。

火灾报警技术是一门多学科交叉技术，随着计算机及人工智能的发展，信号处理、模式识别与知识处理相结合的数据融合技术是火灾报警系统的发展趋势。

1. 火灾探测信息处理算法

火灾具有随机性规律：从总体上来看，火灾的发生原因、发生形式、发生环境、可燃物种类、分布等诸多因素是不确定的。所以，火灾探测与其他典型的信号检测相比是一类十分困难的信号检测问题，很难直接运用确定性数学模型对火灾的特征参量进行分析识别。严格来说，火灾探测是一种非结构问题。目前火灾探测普遍存在并尚未完全解决的问题是：可得到的信号都是随机信号，它们的统计特征随时间或环境变化而变化，而需要被探测的情况（火灾）却极少出现，探测器几乎总是在输出正常情况下的信号；当探测信号的背景噪声很强时，其特征有时与需要被探测的信号极其相似，易产生误报。因此，对于火灾探测系统而言，如何利用火灾探测信息的处理算法对火灾特征进行准确地分析识别是一个重要的问题。

2. 数据融合技术的基本定义

实际上，人类和自然界中其他动物对客观事物的认知过程，就是对多源信息的融合过程。在这个认知过程中，人或动物首先通过视觉、听觉、触觉、嗅觉、味觉等多种感官（不是单纯依靠一种感官）对客观事物实施多种类、多方位的感知，从而获得大量互补或冗余的信息；然后结合先验知识，由大脑对所有感知信息依据某种规则进行组合和处理，从而得到对客观对象统一与和谐的理解和认识。由于早期的融合方法研究是针对数据处理的，所以有时也把信息融合称为数据融合。

数据融合技术是一种自动化信息综合处理技术，它充分利用多源数据的互补性及计算的高速运算和智能来提高信息处理的质量。该技术主要研究各种传感器的信息采集、传输、分析和综合，通过对这些传感器及其观测信息的合理支配和使用，把多个传感器冗余或互补的信息依据某种准则进行组合，以获取被观测对象的一致性解释或描述。传感器之间的冗余数据增强了系统的可靠性，互补数据扩展了单个传感器的性能。数据融合技术改善了系统的可靠性，对目标或事件的确认增加了可信度，减少了信息的模糊性，这是任何单个传感器都达不到的。

根据国内外研究成果，数据融合比较确切的定义可概括为：利用计算机技术对按时序获得的若干传感器的观测信息在一定准则下加以自动分析、综合以完成所需的决策和估计任务而进行的信息处理过程，它强调的是融合的具体方法与步骤。按照这一定义，多传感器系统是数据融合的硬件基础，多源信息是数据融合的加工对象，协调优化和综合处理是数据融合的核心。数据融合技术有着广泛的应用领域，它的表示和处理方法来自通信、模式识别、决策论、不确定理论、信号处理、估计理论、最优化技术、计算机科学、人工智能和神经网络。

我们所研究的多源信息融合，实际上是对人脑综合处理复杂问题的一种功能模拟。在多传感器系统中，各种传感器提供的信息可能具有不同的特性，可以是时变的或非时变的，实时的或非实时的，确定的或随机的，精确的或模糊的，互斥的或互补的等。多传感信息融合系统将充分利用多个传感器资源，通过对各种观测信息的合理支配与使用，在空间和时间上把互补与冗余的信息依据某种优化准则结合起来，产生对观测环境的一致性解释或描述，同时产生新的融合结果。其目标是基于各种传感器的分离观测信息，通过对信息的优化组合导出更多的有效信息，最终目的是利用多个传感器共同或联合操作的优势来提高整个系统的有效性。

单传感器信号处理或低层次的多传感器数据处理都是对人脑信息处理过程的一种低水平模仿，而多传感器数据融合系统则是通过有效地利用多传感器资源，最大限度地获取被探测目标和环境的信息量。多传感器数据融合与经典信号处理方法之间也存在着本质的差别，其关键在于数据融合所处理的多传感器信息具有更复杂的形式，而且通常在不同的信息层次上出现。

1.3.3 基于智慧消防的火灾自动报警系统发展

在火灾自动报警与消防工程中，防火与减灾系统是非常重要的。首先，防火与减灾设备的联动控制对火场中的财产和人员的生命安全起着必要的保护作用，这类设备主要有防排烟系统、防火卷帘门、自动防火门、空调系统、消防电梯、火灾事故广播、应急照明、安全疏散引导、消防警铃、消防通信、自备发电机和电源控制等。其次，城市的消防远程监控技术将入网单位内的火灾自动报警等消防设施的运行状况，通过现代网络技术进行联网监控和管理，并与城市的119消防调度指挥中心对接，对火灾现场周边区域的建筑、燃气、配电、交通、人员和各类重要设施进行统一的灭火组织和调度。这样由自动报警、自动灭火、防灾减灾、系统网络监控、消防档案管理和综合调度指挥等组成一个完整的城市智能消防系统。

现代通信技术、计算机网络技术、信息技术、物联网技术的快速发展，为研究开发新一代火灾报警远程监控系统提供了有力的支持。目前，火灾自动报警系统已广泛应用于各类建筑和工程中，火灾报警远程监控系统将各单位的火灾自动报警系统构成统一的城市消防监控网络。随着物联网技术的日益成熟，借助于射频自动识别（RFID）技术、计算机技术、控制技术、通信技术和图形显示技术，能更方便地将各单位的火灾自动报警系统信息收集到指挥中心，实现远程消防管理。

现代数字声像编码技术和宽带通信接入技术的发展，为火灾报警远程监控系统提供了更完美的解决方案——多信息火灾自动报警监控联网技术。多信息火灾自动报警监控联网技术，可以提供火灾探测报警系统设备运行、现场情况的图像、音频同步信息，内容详尽，效果直观，可实现全方位消防监控管理，极大地提高了报警效率和监管水平。同时，提供信息的直观性和报警操作的交互性可以极大地简化报警环节，缩短报警时间，最终实现早期预警、自动报警，对消防部队快速准确扑救火灾起到重要作用。多信息技术是未来火灾自动报警监控联网技术的主要发展方向。

"北京市火灾报警远程监控系统"采用政务物联专用网络将分散在各个建筑内部的火灾自动报警系统联成网络，实时采集联网用户或单位的火灾自动报警系统的报警信息和运行状态信息，并与其他感知设备，如城市高点图像监控系统、楼宇安防监控系统、城市道路监控系统的图像信息建立关联，利用数据、视频、音频等多种信息感知手段实现对北京市消防安全重点单位和居民住宅楼消防安全状况的全方位感知、全过程监控，提前发现前端消防设施存在的各种故障隐患，督促单位整改，降低火灾风险；一旦探测到火警信息，消防局可以利用该系统第一时间感知火情并确定起火位置，快速调集力量进行处置，避免因人为报警不及时而造成火势蔓延。

通过火灾报警远程监控系统的建设，具体实现以下功能：

①通过数据接口与消防重点单位已有建筑内前端感知设备（火灾自动报警系统）相连，实时采集故障信息和火灾报警信息。

②将前端火灾自动报警系统的故障信息和火灾报警信息通过政务物联专用网络上传到设在消防局监控中心的火灾报警远程监控系统。

③监控中心收到报警信息后，能够根据预先采集的联网单位的数据库和消防设施点位图确定报警单位的名称、地址、地理信息坐标和前端传感探测器所在的具体位置。

④通过电话或视频图像等手段对现场报警事件进行核实，确认为真实火警后迅速将报警信息发送到119指挥中心进行处置，同时通过手机短信平台（移动公网）通知事发单位的消防安全管理负责人和公安派出所、街道办事处（居委会）等单位的相关人员赶赴现场协同开展工作。

⑤火灾报警远程监控系统能够实时自动地存储联网单位前端感知设备（消防系统）上传的报警信息和故障信息，并以Web方式向消防部门、属地公安派出所和单位内部安保部门提供信息查询服务，根据消防安全管理的需要对报警信息按时段、区域、事件类别和监管主体等要素进行统计分析，指导火灾防控工作。

智能建筑是信息时代的必然产物，建筑物智能化程度随科学技术的发展而逐步提高。当今世界科学技术发展的主要标志是4C技术，即Computer（计算机技术）、Control（控制技术）、Communication（通信技术）、CRT（图形显示技术）。将4C技术综合应用于建筑物之中，在建筑物内建立一个计算机综合网络，使建筑物智能化。

火灾自动报警系统（fire alarm system，简称FAS系统）是人们为了早期发现通报火灾，并及时采取有效措施，控制和扑灭火灾，而设置在建筑物中或其他场所的一种自动消防设施，是人们同火灾做斗争的有力工具。

火灾报警系统，一般由火灾探测器、区域报警器和集中报警器组成；也可以根据工程的要求同各种灭火设施和通信装置联动，以形成中心控制系统，即由自动报警、自动灭火、安全疏散引导、系统过程显示、消防档案管理等组成一个完整的消防控制系统。火灾探测器是探测火灾的仪器，在火灾发生的阶段，将伴随产生烟雾、高温火光，这些烟、热和光可以通过探测器转变为电信号报警或使自动灭火系统启动，及时扑灭火灾。区域报警器能将所在楼层之探测器发出的信号转换为声光报警，并在屏幕上显示出火灾的房间号；同时还能监视若干楼层的集中报警器（如果监视整个大楼的则设于消防控制中心）输出信号或控制自动灭火系统。集中报警是将接收到的信号以声光方式显示出来，其屏幕上也具体显示出着火的楼层和房间号，机上时钟记录下首次报警时间点，利用本机专用电话，还可迅速发出指示和向消防队报警。此外，也可以控制有关的灭火系统或将火灾信号传输给消防控制室。

思考题

1. 火灾的形成过程有哪几个阶段？
2. 火灾自动报警系统由哪些子系统组成？
3. 火灾自动报警系统与哪些学科有关联？
4. 火灾自动报警系统发展的三个阶段分别是什么？
5. 火灾自动报警系统的发展趋势有哪几个方面？

第2章

火灾自动报警信息技术基础

2.1　计算机控制技术

自动化技术由来已久，可追溯到瓦特发明蒸汽机时代，但其真正成为一门应用理论和应用科学还是在第二次世界大战期间，当时为了实现火炮定位和雷达跟踪，科学家认真研究了自动控制的规律，发明了自动控制理论。随着信息技术的迅速发展，人们对各类建筑物的使用功能要求越来越高，建筑物自动化系统越来越复杂，到 20 世纪 80 年代，采用计算机完成常规控制技术无法完成的任务，以达到常规控制技术无法达到的性能指标，实现了建筑物智能化。

计算机控制技术是一门以电子技术、自动控制技术、计算机应用技术为基础，以计算机控制技术为核心，综合可编程控制技术、单片机技术、计算机网络技术，从而实现生产技术的精密化、生产设备的信息化、生产过程的自动化及机电控制系统的最佳化的技术。

2.1.1　计算机控制系统

1. 计算机控制系统的原理

在自动控制中，典型的 SISO(single input single output)闭环控制系统如图 2-1 所示。控制器首先接收给定信号，然后向执行机构发出控制信号驱动执行机构工作；测量元件对被控对象的被控参数(如温度、压力、流量、转速、位移等)进行测量；变送单元将被测参数变成电压或电流信号，反馈给控制器；控制器将反馈信号与给定信号进行比较，如有偏差，控制器就产生新的控制信号，修正执行机构的动作，使得被控参数的值达到预定的要求。如果把图 2-1 中的控制器用计算机来代替，就可以构成计算机控制系统，其基本框图如图 2-2 所示。计算机控制系统是由工业控制计算机和工业对象两大部分组成的。

计算机控制系统的控制过程可以归纳为以下三个步骤：

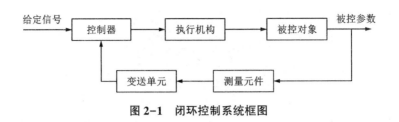

图 2-1 闭环控制系统框图

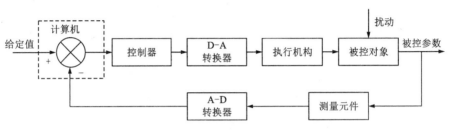

图 2-2 计算机控制系统基本框图

①实时信息的获取。计算机可以通过计算机的外部设备获取被控对象的实时信息和人的指令性信息。

②实时信息的处理。计算机可以通过预先编好的程序对获取的信息进行处理。

③实时信息的输出。计算机将处理好的信息通过计算机外部设备传输到被控对象，通过显示、记录或打印等操作输出其处理或获取的信息情况。

2. 计算机控制系统组成

从图 2-2 可见，简单地讲，计算机控制系统是由控制计算机和生产过程两大部分组成的。控制计算机是计算机控制系统中的核心装置，是系统中信号处理和决策的机构，相当于控制系统的神经中枢。生产过程包含了被控对象、执行机构、测量元件等装置。从控制的角度看，可以将生产过程看作广义对象。虽然计算机控制系统中的被控对象和控制任务多种多样，但是就系统中的计算机而言，计算机控制系统其实也就是计算机系统，系统中的广义被控对象可以看作是计算机外部设备。因此，所有计算机控制系统都和一般计算机系统一样，是由硬件和软件两部分组成的。

（1）硬件组成

计算机控制系统的硬件主要由主机、外部设备、过程输入输出通道和生产过程组成，如图 2-3 所示。现对各部分作简要说明。

①主机。

由中央处理器（CPU）和内存储器（RAM、ROM）组成，是计算机控制系统的核心。它根据过程输入设备送来的反映生产过程的实时信息，按照存储器中预先存入的控制算法，自动地进行信息处理与运算，及时地选定相应的控制策略，并且通过过程输出设备立即向现场设备发送控制命令。

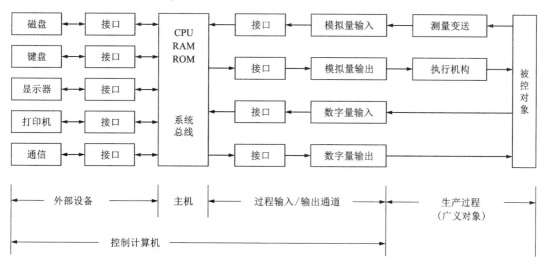

图 2-3 计算机控制系统硬件组成原理图

②外围设备。

通用计算机常用的外部设备有四类：输入设备、输出设备、外存储器和通信设备。

输入设备最常用的有键盘，用来输入(或修改)程序、数据和操作命令。鼠标也是一种常见的图形界面输入装置。

输出设备通常有 CRT 显示器、LCD 或 LED 显示器、打印机等，它们以字符、图形、表格等形式反映被控对象的运行工况和有关的控制信息。

外存储器最常用的是磁盘(包括硬盘和软盘)，它们具有输入和输出两种功能，用来存放程序和数据，作为内存储器的后备存储器。

通信设备用来与其他相关计算机控制系统或计算机管理系统进行联网通信，形成规模更大、功能更强的网络分布式计算机控制系统。

以上的常规外部设备通过接口与主机连接便构成通用计算机，但是这样的计算机不能直接用于自动控制。如果要用于控制，还需要配备过程输入/输出通道构成控制计算机。

③检测元件。

在计算机控制系统中，为了收集、测量各种参数，广泛采用了各种检测元件及仪表，它们的主要功能是把检测参数的非电量转变为电量，如热电偶把温度变成电压信号等。这些信号转换成统一的计算机标准电平信号后再送入计算机。

④操作台。

操作员与计算机之间的信息交换是通过操作台进行的。如键盘、显示器、专用的操作显示面板或操作显示台等。其作用有三：一是显示现场设备状态；二是供操作人员操作；三是显示操作结果。人机联系设备也称为人机接口，是人与计算机之间联系的界面。

(2)软件组成

软件是指能够完成各种功能的计算机程序的总和。整个计算机系统的动作，都是在软件的指挥下协调进行的。因此可以说软件是计算机系统的中枢神经，就功能来分，软件可分为系统软件、应用软件及数据库。

①系统软件。

系统软件是由计算机生产厂家提供的专门用来使用和管理计算机的程序。对用户来说,系统软件只是作为开发应用软件的工具,不需要自己设计。系统软件包括:

a.操作系统。操作系统包括管理程序、磁盘操作系统程序、监控程序等。

b.诊断系统。诊断系统指的是调试程序及故障诊断程序。

c.开发系统。开发系统包括各种语言处理程序(编译程序)、服务程序(装配程序和编辑程序)、模拟程序(系统模拟、仿真、移植软件)、数据管理程序等。

②应用软件。

应用软件是面向用户本身的程序,即指由用户根据要解决的实际问题而编写的各种程序。计算机控制系统的应用软件包括:

a.过程监视程序:指巡回检测程序、数据处理程序、上下限检查及报警程序、操作面板服务程序、数字滤波及标度变换程序、判断程序、过程分析程序等。

b.过程控制计算程序:指的是控制算法程序、事故处理程序和信息管理程序,其中信息管理程序包括信息生成调度、文件管理及输出、打印、显示程序等。

c.公共服务程序:包括基本运算程序、函数运算程序、数码转换程序、格式编码程序。

3.计算机控制系统的特点

计算机可以用来完成控制任务,构成计算机控制系统。它的特点如下。

(1)可靠性

对于生产过程控制来说,由于生产的连续性,计算机发生任何故障都将对生产过程产生严重的影响。这是早期的许多计算机控制项目不能很好地达到预期目标的主要原因之一。

现在,由于微处理器和计算机的可靠性比较高,且价格低廉,因此在关键部位可采用冗余措施(例如双机并用,其中一台作为热备份用),以提高可靠性。采用分散型结构也是一种提高可靠性的措施,因为在分散型结构中,每一个微处理芯片只负责一个局部工作,缩小了故障影响的范围。

(2)实时控制

实时的意思就是"及时",控制对象按一定的运动规律运行,计算机必须在运行过程中及时采集运行数据,进行各种计算,发出控制命令,并通过执行机构对该过程施加影响。

在生产过程中发生不正常情况时,应及时进行事故处理和报警。所以,计算机的运算和操作速度必须与它所控制过程的实际运行情况相适应,对该过程运行情况的微小变动要实时做出响应并进行控制。为了达到这一要求,一般是从硬件和软件两方面来保证的。

硬件方面配有实时时钟和优先级中断信息处理电路。软件方面配备有完善的时钟管理、中断处理等程序,并配备实时操作系统。应保证在控制过程正常进行时,严格地按事先安排好的时间计划表进行操作;当控制过程有变化而请求中断时,则按优先级别尽快地及时响应。

（3）生产过程的连接

控制用计算机需要随时对生产过程的运行情况进行监视，并根据计算结果输出控制作用，对不正常的运行情况要起到发出警告信号或输出紧急处理的控制作用。为了使操作管理人员能了解和干预生产情况，计算机必须显示生产情况，输出打印报表。在有些情况下，计算机还必须通过远程通信线路发出对其他控制机的信息，也可以通过通信线路接收其他控制机送来的信息。所以，控制机与外部世界的联系是紧密的和频繁的。早期，人们为这一特点设计了专用的接口装置和通道设备，以便和生产过程相连接以及实现人机通信。由于大规模集成电路的出现，接口装置和通道已经演变成专用的接口芯片，各个制造厂提供了各种用途的接口芯片，供用户选用。

（4）环境的适应性

数据处理或科学计算用的计算机可以安装在十分完善的环境中，空气调节器保证机房具有适宜的温度和湿度，计算机不会受到外界震动的影响，有时还可以通入保护性气体，以达到防尘、防潮、防腐蚀和降温的目的。但是，控制用计算机必须安装在距离控制现场不远的地方，有的控制用计算机甚至被装在插入式线路板上，直接装在被控制的装置或机器设备上。

一般来说，工业用控制计算机安装地点的环境温度可能很高，还会有腐蚀性气体、外界震动等不利条件，但控制用计算机应该能在这种条件下正常运行。在设计符合要求的计算机控制系统时，上述控制用计算机的特点是必须考虑的。

2.1.2　单片机

单片机，全名单片微型计算机（single-chip microcomputer），又称微型控制器（micro controller unit，MCU），是一种集成电路芯片（图 2-4）。这块集成芯片具有一些特殊的功能，而它的功能要靠我们使用者自己编程来实现。单片机采用超大规模集成电路技术把具有数据处理能力的中央处理器 CPU、随机存储器 RAM、只读储存器 ROM、定时器/计数器、I/O 接口电路等计算机主要部件集成在一块芯片上。

图 2-4　单片机外观图

1. 单片机的特点

单片机主要有以下几个特点：

(1)高集成度，体积小，高可靠性

单片机将各功能部件集成在一块晶体芯片上，集成度很高，体积自然也是最小的。芯片本身是按工业测控环境要求设计的，内部布线很短，其抗工业噪声性能优于一般通用的CPU。单片机程序指令、常数及表格等固化在 ROM 中不易破坏，许多信号通道均在一个芯片内，故可靠性高。

(2)控制功能强

为了满足对对象的控制要求，单片机的指令系统均有极丰富的条件：分支转移能力，I/O 口的逻辑操作及位处理能力，非常适用于专门的控制功能。

(3)低电压，低功耗，便于生产便携式产品

单片机允许使用的电压范围越来越宽，一般在 3~6 V 范围内工作，低电压供电的单片机电源下限可达 1~2 V，1 V 以下供电的单片机也已问世。单片机的功耗已从 mA 级降到 pA 级，甚至 1 A 以下。低功耗化的效应不仅是功耗低，而且还带来了产品的高可靠性、高抗干扰能力以及产品的便携化。

(4)串行扩展技术

在很长一段时间里，通用型单片机通过三总线结构扩展外围器件成为单片机应用的主流结构。随着低价位 OTP 及各种类型片内程序存储器技术的发展，加之外围接口不断进入片内，推动了单片机"单片"应用结构的发展。特别是 IC、SPI 等串行总线的引入，可以使单片机的引脚设计得更少，单片机系统结构更加简化及规范化。

(5)大容量化

单片机控制范围的增加、控制功能的日渐复杂、高级语言的广泛应用，对单片机的存储器容量提出了更高的要求。目前，51 系列单片机内 RM 最大可达 64 KB，RAM 可达 2 KB。

(6)优异的性能价格比

单片机的性能极高。为了提高速度和运行效率，单片机已开始使用 RISC 流水线和 DSP 等技术。单片机的寻址能力也已突破 64 KB 的限制，有的已可达到 1 MB 和 16 MB，片内的 ROM 容量可达 62 MB，RAM 容量则可达 2 MB。由于单片机的广泛使用，因而其销量极大，各大公司的商业竞争更使其价格十分低廉，其性能价格比极高。

2. 单片机常用系列

单片机种类划分没有统一规定，按字长分类，分为 4 位、8 位、16 位、32 位；按指令类型分类，分为精简指令集、复杂指令集；按内核来分，分为 51 系列、PIC 系列、AVR 系列。目前单片机主要厂商及生产单片机种类如下所述。

①Intel 公司的 MCS-51 系列单片机。

MCS-51 单片机由 Intel 公司推出，是包含 8031、8051、8751、8032、8052、8752 等在内的一系列单片机的总称。这一系列单片机中最为典型的产品就是 8051，它是 8 位的单片

机。多家公司在其诞生后陆续购买了 8051 的内核，使得以 8051 为内核的 MCU 系列单片机成为世界上产量最大、应用也最广泛的单片机，甚至有人推测 8051 可能最终形成事实上的标准 MCU 芯片。

②MicroChip 的 PC 系列单片机。

主要产品包括 PC16C 系列和 17C 系列 8 位单片机，以低价位著称。该系列单片机的 CPU 采用 RISC(精简指令集)结构，仅 33 条指令，载入程序后运行速度很快，且其功耗低，具有较大的输入/输出直接驱动能力，价格低。适用于使用量大、价格敏感的低端产品。

③Atmel 公司的 AVR 系列单片机。

主要分为 ATtiny、AT90、ATmega 三个系列。AVR 单片机采用增强的 RISC 结构，具有高速处理能力，在一个时钟周期内可完成一条指令，且其内部载有 Flash，可随时编程更新，使用户的产品设计、升级变得极为容易。

④Motorola 单片机。

代表机型有 8 位机 M6805、M68HC05 系列、8 位增强型 M68HC11、M68HC12 系列、16 位机 M68HC16、32 位机 M683XX。Motorola 单片机的一大特点是在同样的速度下所用的时钟频率较 Intel 类单片机低得多，因而使得高频噪声低，抗干扰能力强，更适合于工控领域以及恶劣的环境。

⑤STM32 单片机。

由 ST 厂商推出的 STM32 系列单片机是一款性价比超高的系列单片机，其功能极其强大。它基于专为高性能、低成本、低功耗的嵌入式应用设计的 ARM Cortex-M 内核，同时具有一流的外设：$1\ \mu s$ 的双 12 位 ADC，4 MB/s 的 UART，18 MB/s 的 SPI，等等。它在功耗和集成度方面也有不俗的表现，虽和 MSP430 的功耗比起来是稍微逊色一些的，但这并不影响工程师们对它的热捧程度。它因其简单的结构和易用的工具及其强大的功能而在行业中赫赫有名。

⑥PIC 系列单片机。

PIC 系列单片机是美国微芯公司(Microship)的产品，共分三个级别，即基本级、中级、高级，是当前市场份额增长最快的单片机之一。它的 CPU 采用 RISC 结构，分别有 33、35、58 条指令，属精简指令集，同时采用 Harvard 双总线结构，运行速度快。它能使程序存储器的访问和数据存储器的访问并行处理，这种指令流水线结构，在一个周期内完成两部分工作，一是执行指令，二是从程序存储器中取出下一条指令，这样总的看来每条指令只需一个周期，这也是高效率运行的原因之一。

3. 单片机的构成

图 2-5 为典型的单片机内部结构图，它由中央处理器 CPU、随机存储器 RAM、只读存储器 ROM、多种 I/O 口和中断系统、定时器/计数器等构成。以下以 51 系列为例介绍单片机组成结构。

(1)中央处理器(CPU)

中央处理器是单片机的心脏，不仅把计算机中的控制器、运算器等集成在一个芯片上，而且它决定指令、指令系统，能进行算术运算和逻辑运算，能够执行各种控制等。

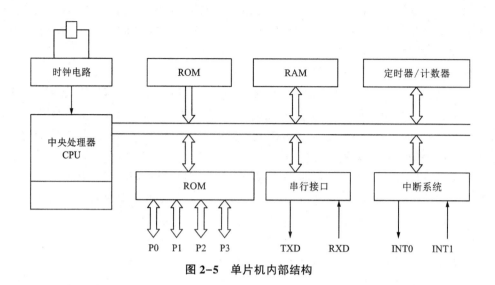

图 2-5　单片机内部结构

CPU 及其支持电路构成了单片机的控制中心，对系统的各个部件进行统一的协调和控制。

（2）存储器

存储器分为内部数据存储器（RAM）和内部程序存储器（ROM）。

内部数据存储器，8051 芯片共有 256 个 RAM 单元，其中后 128 个单元被专用寄存器占用，能作为寄存器供用户使用的只有前 128 个单元，用于存放可读写的数据。因此通常所说的内部数据存储器就是指前 128 个单元，简称内部 RAM。地址范围为 00 H～FFH（256B），是一个多用多功能数据存储器，有数据存储、通用工作寄存器、堆栈、位地址等空间。

内部程序存储器，在前面也已讲过，8051 内部有 4 KB 的 ROM，用于存放程序、原始数据或表格。因此称之为程序存储器，简称内部 RAM。地址范围为 0000H～FFFFH（64 KB）。

（3）定时器/计数器

8051 共有 2 个 16 位的定时器/计数器，以实现定时或计数功能，并以其定时或计数结果对计算机进行控制。定时时靠内部分频时钟频率计数实现，做计数器时，对 P3.4（T0）或 P3.5（T1）端口的低电平脉冲计数。

（4）并行 I/O 口

MCS-51 共有 4 个 8 位的 I/O 口（P0、P1、P2、P3）以实现数据的输入输出。

（5）串行口

MCS-51 有一个全双工的串行口，以实现单片机和其他设备之间的串行数据传送。该串行口功能较强，既可作为全双工异步通信收发器使用，也可作为移位器使用。RXD（P3.0）脚为接收端口，TXD（P3.1）脚为发送端口。

（6）中断控制系统

MCS-51 单片机的中断功能较强，以满足不同控制应用的需要。共有 5 个中断源，即外中断 2 个、定时中断 2 个、串行中断 1 个，全部中断分为高级和低级共两个优先级别。

(7)时钟电路

MCS-51 芯片的内部有时钟电路，但石英晶体和微调电容需外接。时钟电路为单片机产生时钟脉冲序列。系统允许的晶振频率为 12 MHz。

4. 单片机的工作原理

为使单片机能自动完成某一特定任务，必须把要解决的问题编成一系列指令（这些指令必须是选定单片机能识别和执行的指令），这一系列指令的集合就成为程序，程序需要预先存放在具有存储功能的部件——存储器中。存储器由许多存储单元（最小的存储单位）组成，就像大楼房有许多房间组成一样，指令就存放在这些单元里，单元里的指令取出并执行就像大楼房的每个房间被分配到了唯一的房间号一样，每一个存储单元也必须被分配到唯一的地址号，该地址号称为存储单元的地址，这样只要知道了存储单元的地址，就可以找到这个存储单元，其中存储的指令就可以被取出，然后被执行。

程序通常是按顺序执行的，所以程序中的指令也是一条条顺序存放的，单片机在执行程序时要能把这些指令一条条取出并加以执行，必须有一个部件能追踪指令所在的地址，这一部件就是程序计数器 PC（包含在 CPU 中）。在开始执行程序时，它给 PC 赋以程序中第一条指令所在的地址，然后取得每一条要执行的命令，PC 中的内容就会自动增加，增加量由本条指令长度决定，可能是 1、2 或 3，以指向下一条指令的起始地址，保证指令顺序执行。

5. 单片机开发系统和程序设计语言

单片机开发系统是单片机的开发调试的工具，有单片单板机和仿真器，实现单片机应用系统的硬、软件开发。单片机仿真器指以调试单片机软件为目的而专门设计制作的一套专用的硬件装置（图 2-6）。单片机仿真程序即在个人计算机上运行的特殊程序，可大大提升单片机系统的调试效率。

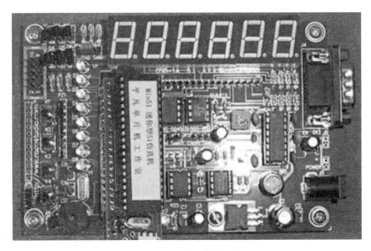

图 2-6 伟福仿真器

纯软件单片机仿真器往往与硬件设计程序集成在一起发布，使得开发者可以对单片机硬件与软件进行同步开发。keil C 编译器窗口如图 2-7 所示。

图 2-7　keil C 编译器窗口

单片机的程序设计语言主要有机器语言（machine language）、汇编语言（assembly language）、高级语言（high level language）。

（1）机器语言

单片机应用系统只使用机器语言（指令的二进制代码，又称指令代码）。机器语言指令组成的程序称目标程序。MCS-51 两个寄存器相加的机器语言指令：00101000。

（2）汇编语言

与机器语言指令一一对应的英文单词缩写，称为指令助记符。汇编语言编写的程序称为汇编语言程序。MCS-51 两个寄存器相加汇编语言指令：ADD A，R0。

（3）高级语言

高级语言源程序 C-51、C、PL/M51 等。

简单——控制程序不太长。复杂——多种多样的控制对象，少有现成程序借鉴。简单系统——不含管理和开发功能。复杂系统——实时系统，需要监控系统（甚至实时多任务操作系统）。编译型高级语言可生成机器代码；解释型高级语言必须在解释程序支持下直接解释执行。因此，只有编译型高级语言才能作为微机开发语言。

6. 单片机应用领域

单片机属于控制类数字芯片，目前其应用领域已非常广泛，举例如下：

①工业控制类，如数据采集、测控技术。

②智能仪器仪表，如数字示波器、数字信号源、数字万用表、感应电流表。

③消费类电子产品，如洗衣机、电冰箱、空调机、电视机、微波炉、IC 卡、汽车电子设备等。

④通信方面，如调制解调器、程序交换技术、手机、小灵通等。

⑤武器装备，如飞机、军舰、坦克、导弹、航天飞机、鱼雷导弹、智能武器等。

2.1.3　可编程控制器

可编程控制器(programmble logic controller，简称 PC 或 PLC)是一种数字运算操作的电子系统，专门为在工业环境下应用而设计。它采用可以编制程序的存储器，用于执行存储逻辑运算和顺序控制、定时、计数和算术运算等操作的指令，并通过数字或模拟的输入(I)和输出(O)接口，控制各种类型的机械设备或生产过程。可编程控制器是在电器控制技术和计算机技术的基础上开发出来的，并逐渐发展成为以微处理器为核心，把自动化技术、计算机技术、通信技术融为一体的新型工业控制装置。目前，PLC 已被广泛应用于各种生产机械和生产过程的自动控制中，成为一种最重要、最普及、应用场合最多的工业控制装置，被公认为现代工业自动化的三大支柱(PLC、机器人、CAD/CAM)之一。可编程控制器外观如图 2-8 所示。

图 2-8　可编程控制器外观

1. PLC 的产生

PLC 的起源可以追溯到 20 世纪 60 年代，美国通用公司为了适应汽车型号不断翻新的需要，对生产线上的控制设备提出了新的要求，为此研制了第一台可编程控制器，通过改变储存在里面的指令的方法来改变生产线的控制流程，从而提供了继电接触器控制系统无法比拟的灵活性。但这一时期，它主要是替代继电接触器控制系统完成顺序控制，虽然也采用了计算机的设计思想，实际上只能进行逻辑运算，主要应用于开关量的逻辑控制，因此也称为可编程序逻辑控制器。

进入 20 世纪 80 年代以后，随着微电子技术和计算机技术的发展，可编程控制器的功能已远远超出逻辑控制、顺序控制的范围，可以进行模拟量控制、位置控制，特别是远程通信功能的实现，易于实现柔性加工和制造系统，因此将其称为可编程序控制器（programmable controller），简称 PC，但为了和个人电脑 PC 相区别，仍将其称为 PLC，即 programmable logic controller。

2. PLC 的定义和分类

可编程序控制器一直在发展中，所以至今尚未对其下最后的定义。国际电工学会（IEC）曾先后于 1982 年、1985 年和 1987 年发布了可编程序控制器标准草案的第一、二、三稿。

在第三稿中，对 PLC 作了如下定义：可编程序控制器是一种数字运算操作电子系统，专为在工业环境下应用而设计。它采用了可编程序的存储器，用来在其内部存储执行逻辑运算、顺序控制、定时、计数和算术运算等操作的指令，并通过数字的、模拟的输入和输出，控制各种类型的机械或生产过程。可编程序控制器及其有关的外围设备，都应按易于与工业控制系统形成一个整体、易于扩充其功能的原则设计。从上述定义中可以看出，PLC 是一种用程序来改变控制功能的工业控制计算机，除了能完成各种各样的控制功能外，还有与其他计算机通信联网的功能。

PLC 产品种类繁多，其规格和性能也各不相同。对于 PLC，通常根据其结构形式的不同、功能的差异和 I/O 点数的多少等进行大致分类。

（1）按结构形式分类

根据 PLC 的结构形式，可将 PLC 分为整体式和模块式两类。

①整体式 PLC。

整体式 PLC 是将电源、CPU、I/O 接口等部件都集中装在一个机箱内，具有结构紧凑、体积小、价格低的特点。小型 PLC 一般采用这种整体式结构。整体式 PLC 由不同 I/O 点数的基本单元（又称主机）和扩展单元组成，基本单元内有 CPU、I/O 接口、与 I/O 扩展单元相连的扩展口以及与编程器或 EPROM 写入器相连的接口等；扩展单元内只有 I/O 和电源等，而没有 CPU。基本单元和扩展单元之间一般用扁平电缆连接。整体式 PLC 一般还可配备特殊功能单元，如模拟量单元、位置控制单元等，使其功能得以扩展。

②模块式 PLC。

模块式 PLC 将 PLC 的各组成部分分别做成若干个单独的模块，如 CPU 模块、I/O 模块、电源模块(有的含在 CPU 模块中)以及各种功能模块。模块式 PLC 由框架或基板和各种模块组成,模块装在框架或基板的插座上。这种模块式 PLC 的特点是配置灵活,可根据需要选配不同规模的系统,而且装配方便,便于扩展和维修。大、中型 PLC 一般采用模块式结构。

还有一些 PLC 将整体式和模块式的特点结合起来,构成所谓的叠装式 PLC。叠装式 PLC 的 CPU、电源、I/O 接口等也是各自独立的模块,但它们之间是靠电缆进行连接的,并且各模块可以一层层地叠装。这样,不但系统可以灵活配置,还可做得体积小巧。

(2)按功能分类

根据 PLC 的功能不同,可将 PLC 分为低档、中档、高档三类。

①低档 PLC。

低档 PLC 具有逻辑运算、定时、计数、移位以及自诊断、监控等基本功能,还可有少量模拟量输入/输出、算术运算、数据传送和比较及通信等功能,主要用于逻辑控制、顺序控制或少量模拟量控制的单机控制系统。

②中档 PLC。

中档 PLC 除具有低档 PLC 的功能外,还具有较强的模拟量输入/输出、算术运算、数据传送和比较、数制转换、远程 I/O、子程序及通信联网等功能,有些还可增设中断控制、PID 控制等功能,适用于复杂的控制系统。

③高档 PLC。

高档 PLC 除具有中档 PLC 的功能外,还增加了带符号算术运算、矩阵运算、位逻辑运算、平方根运算及其他特殊功能函数的运算、制表及表格传送功能等。高档 PLC 具有更强的通信联网功能,可用于大规模过程控制或构成分布式网络控制系统,进而实现工厂自动化。

(3)按 I/O 点数分类

根据 PLC 的 I/O 点数多少,可将 PLC 分为小型、中型和大型三类。

①小型 PLC。

小型 PLC 的 I/O 点数小于 256,具有单 CPU 及 8 位或 16 位处理器,用户存储器容量为 4 KB 以下。

②中型 PLC。

中型 PLC 的 I/O 点数在 256～2048,具有双 CPU,用户存储器容量为 2～8 KB。

③大型 PLC。

大型 PLC 的 I/O 点数大于 2048,具有多 CPU 及 16 位或 32 位处理器,用户存储器容量为 8～16 KB。

3.PLC 的功能和特点

可以将 PLC 的功能形式归纳为以下几种类型。

(1)开关量逻辑控制

PLC 具有强大的逻辑运算能力,可以实现各种简单和复杂的逻辑控制。这是 PLC 的最基本也最广泛的应用领域,它取代了传统的继电器接触器的控制。

（2）模拟量控制

PLC 中配置有 A/D 和 D/A 转换模块。A/D 模块能将现场的温度、压力、流量、速度等模拟量转换后变为数字量，再经 PLC 中的微处理器进行处理（微处理器处理的只能是数字量），然后进行控制；或者经 D/A 模块转换后变成模拟量，然后控制被控对象，这样就可实现 PLC 对模拟量的控制。

（3）过程控制

现代大中型的 PLC 一般都配备了 PID 控制模块，可进行闭环过程控制。当控制过程中某一个变量出现偏差时，PLC 能按照 PID 算法计算出正确的输出，进而控制调整生产过程，把变量保持在整定值上。目前，许多小型 PLC 也具有 PID 控制功能。

（4）定时和计数控制

PLC 具有很强的定时和计数功能，它可以为用户提供几十甚至上百、上千个定时器和计数器。其计时的时间和计数值可以由用户在编写用户程序时任意设定，也可以由操作人员在工业现场通过编程器进行设定，进而实现定时和计数的控制。如果用户需要对频率较高的信号进行计数，可以选择高速计数模块。

（5）顺序控制

在工业控制中，可采用 PLC 步进指令编程或用移位寄存器编程来实现顺序控制。

（6）数据处理

现代的 PLC 不仅能进行算术运算、数据传送、排序及查表等操作，而且还能进行数据比较、数据转换、数据通信、数据显示和打印等，它具有很强的数据处理能力。

（7）通信和联网

现代的 PLC 大多数都采用了通信、网络技术，有 RS-232 或 RS-485 接口，可进行远程 I/O 控制。多台 PLC 彼此间可以联网、通信，外部器件与一台或多台可编程控制器的信号处理单元之间可以实现程序和数据交换，如程序转移、数据文档转移、监视和诊断。通信接口或通信处理器按标准的硬件接口或专有的通信协议完成程序和数据的转移。

从 PLC 的工作原理可知，PLC 的输入与输出在物理上是彼此隔开的，其间的联系是靠运行存储于它的内存中的程序实现的。它的入出相关，不是靠物理过程，不是用线路；而是靠信息过程，用软逻辑联系。它的工作基础是用好信息。

信息不同于物质与能量，有自身的规律。信息便于处理，便于传递，便于存储；信息还可重用等等。正是由于信息的这些特点，决定了 PLC 的基本特点。

①可靠性高，抗干扰能力强。

PLC 用软件代替大量的中间继电器和时间继电器，仅剩下与输入和输出有关的少量硬件，接线可减少到继电器控制系统的 1/10~1/100，因触点接触不良造成的故障大为减少。

高可靠性是电气控制设备的关键性能。PLC 由于采用现代大规模集成电路技术，采用严格的生产工艺制造，内部电路采取了先进的抗干扰技术，具有很高的可靠性。例如三菱公司生产的 F 系列 PLC 平均无故障时间高达 30 万小时。一些使用冗余 CPU 的 PLC 的平均无故障工作时间则更长。从 PLC 的机外电路来说，使用 PLC 构成控制系统，和同等规模的继电接触器系统相比，电气接线及开关接点已减少到数百甚至数千分之一，故障也就大大降低。此外，PLC 带有硬件故障自我检测功能，出现故障时可及时发出警报信息。在应用软件中，应用者还可以编入外围器件的故障自诊断程序，使系统中除 PLC 以外的电路及设备也获得故障自诊断保护。这样，整个系统具有极高的可靠性也就不奇怪了。

②硬件配套齐全，功能完善，适用性强。

PLC 发展到今天，已经形成了大、中、小各种规模的系列化产品，并且已经标准化、系列化、模块化，配备有品种齐全的各种硬件装置供用户选用，用户能灵活方便地进行系统配置，组成不同功能、不同规模的系统。PLC 的安装接线也很方便，一般用接线端子连接外部接线。PLC 有较强的带负载能力，可直接驱动一般的电磁阀和交流接触器，可以用于各种规模的工业控制场合。除了逻辑处理功能以外，现代 PLC 大多具有完善的数据运算能力，可用于各种数字控制领域。PLC 的功能单元大量涌现，使 PLC 渗透到了位置控制、温度控制、CNC 等各种工业控制中。加上 PLC 通信能力的增强及人机界面技术的发展，使用 PLC 组成各种控制系统变得非常容易。

③易学易用，深受工程技术人员欢迎。

PLC 作为通用工业控制计算机，是面向工矿企业的工控设备。它接口容易，编程语言易于为工程技术人员所接受。梯形图语言的图形符号与表达方式和继电器电路图相当接近，只用 PLC 的少量开关量逻辑控制指令就可以方便地实现继电器电路的功能。这为不熟悉电子电路、不懂计算机原理和汇编语言的人使用计算机从事工业控制打开了方便之门。

④容易改造。

系统的设计、安装、调试工作量小，维护方便，容易改造。PLC 的梯形图程序一般采用顺序控制设计法。这种编程方法很有规律，很容易掌握。对于复杂的控制系统，梯形图的设计时间比设计继电器系统电路图的时间要少得多。

⑤体积小，重量轻，能耗低。

以超小型 PLC 为例，新近出产的品种底部尺寸小于 100 mm，仅相当于几个继电器的大小，因此可将开关柜的体积缩小到原来的 1/2 ~ 1/10。它的重量小于 150 g，功耗仅数瓦。由于体积小，它很容易装入机械内部，是实现机电一体化的理想控制器。

4. PLC 结构和工作过程

PLC 的种类很多，但是结构大同小异，图 2-9 是典型的可编程控制器结构图。

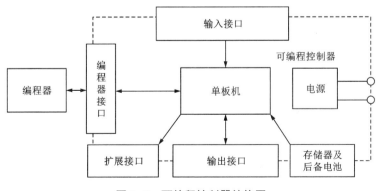

图 2-9　可编程控制器结构图

（1）CPU

CPU 又称中央处理器，它是 PLC 的控制中心，通过总线（包括数据总线、地址总线和控制总线）与存储器和各种接口连接，以控制它们有条不紊地工作。CPU 的性能对 PLC 工作速度和效率有较大的影响，故大型 PLC 通常采用高性能的 CPU。

（2）存储器

存储器的功能是存储程序和数据。PLC 通常配有 ROM（只读存储器）和 RAM（随机存储器）两种存储器，ROM 用来存储系统程序，RAM 用来存储用户程序和程序运行时产生的数据。

系统程序由厂家编写并固化在 ROM 存储器中，用户无法访问和修改系统程序。系统程序主要包括系统管理程序和指令解释程序。系统管理程序的功能是管理整个 PLC，让内部各个电路能有条不紊地工作。指令解释程序的功能是将用户编写的程序翻译成 CPU 可以识别和执行的程序。

用户程序是用户通过编程器输入存储器的程序，为了方便调试和修改，用户程序通常存放在 RAM 中，由于断电后 RAM 中的程序会丢失，因此 RAM 专门配有后备电池供电。有些 PLC 采用 EEPROM（电可擦写只读存储器）来存储用户程序，由于 EEPROM 存储器的内部可用电信号进行擦写，并且掉电后内容不会丢失，因此采用这种存储器后可不配备备用电池。

（3）输入/输出接口

输入/输出接口又称 I/O 接口或 I/O 模块，是 PLC 与外围设备之间的连接部件。PLC 通过输入接口检测输入设备的状态，以此作为对输出设备控制的依据，同时 PLC 又通过输出接口对输出设备进行控制。

PLC 的 I/O 接口能接收的输入和输出信号个数称为 PLC 的 I/O 点数，I/O 点数是选择 PLC 的重要依据之一。

PLC 外围设备提供或需要的信号电平是多种多样的，而 PLC 内部 CPU 只能处理标准电平信号，所以 I/O 接口要能进行电平转换。另外，为了提高 PLC 的抗干扰能力，I/O 接口一般采用光电隔离和滤波功能。此外，为了便于了解 I/O 接口的工作状态，I/O 接口还有状态指示灯。

（4）通信接口

PLC 配有通信接口，PLC 可通过通信接口与监视器、打印机、其他 PLC、计算机等设备实现通信。PLC 与编程器或写入器连接，可以接收编程器或写入器输入的程序；PLC 与打印机连接，可将过程信息、系统参数等打印出来。

PLC 与人机界面（如触摸屏）连接可以在人机界面直接操作 PLC 或监视 PLC 工作状态；PLC 与其他 PLC 连接，可组成多机系统或连成网络，实现更大规模控制；与计算机连接，可组成多级分布式控制系统，实现控制与管理相结合。

（5）扩展接口

为了提升 PLC 的性能，增强 PLC 控制功能，可以通过扩展接口给 PLC 增接一些专用功能模块，如高速计数模块、闭环控制模块、运动控制模块、中断控制模块等。

（6）电源

PLC 一般采用开关电源供电，与普通电源相比，PLC 电源的稳定性好、抗干扰能力强。PLC 的电源对电网提供的电源稳定度要求不高，一般允许电源电压在其额定值±15%的范围内波动。有些 PLC 还可以通过端子往外提供直流 24 V 稳压电源。

PLC 采用循环扫描的工作方式，在 PLC 中用户程序按先后顺序存放，CPU 从第一条指令开始执行程序，直到遇到结束符后又返回第一条，如此周而复始不断循环。PLC 的扫描过程分为内部处理、通信操作、程序输入处理、程序执行、程序输出几个阶段。全过程扫描一次所需的时间称为扫描周期。当 PLC 处于停止状态时，只进行内部处理和通信操作服务等内容。在 PLC 处于运行状态时，从内部处理、通信操作、程序输入、程序执行、程序输出，一直循环扫描工作。

①输入处理。

输入处理也叫输入采样。在此阶段，顺序读入所有输入端子的通断状态，并将读入的信息存入内存中所对应的映象寄存器。在此输入映象寄存器被刷新。接着进入程序执行阶段。在程序执行时，输入映象寄存器和外界隔离，即使输入信号发生变化，其映象寄存器的内容也不会发生变化，只有在下一个扫描周期的输入处理阶段才能被读入信息。

②程序执行。

根据 PLC 梯形图程序扫描原则，按先左后右、先上后下的步序，逐句扫描，执行程序。遇到程序跳转指令，根据跳转条件是否满足来决定程序的跳转地址。若用户程序涉及输入输出状态时，PLC 从输入映象寄存器中读出上一阶段采入的对应输入端子状态，从输出映象寄存器中读出对应映象寄存器，根据用户程序进行逻辑运算，运算结果再存入有关器件寄存器中。对每个器件来说，器件映象寄存器中所寄存的内容，会随着程序执行过程而变化。

③输出处理。

程序执行完毕后，将输出映象寄存器，即器件映象寄存器中的 Y 寄存器的状态，在输出处理阶段转存到输出锁存器，通过隔离电路，驱动功率放大电路，使输出端子向外界输出控制信号，驱动外部负载。

5. PLC 编程语言

PLC 的用户程序是设计人员根据控制系统的工艺控制要求，通过 PLC 编程语言的编制设计的。根据国际电工委员会制定的《可编程序控制器编程语言标准》（IEC1131-3），PLC 的编程语言包括以下五种：梯形图语言（LD）、指令表语言（IL）、功能模块图语言（FBD）、顺序功能流程图语言（SFC）及结构化文本语言（ST）。

（1）梯形图语言

梯形图程序设计语言是用梯形图的图形符号来描述程序的一种程序设计语言。采用梯形图程序设计语言，程序采用梯形图的形式描述。这种程序设计语言采用因果关系来描述事件发生的条件和结果。每个梯级是一个因果关系。如图 2-10 所示，在梯级中，描述事件发生的条件表示在左边，事件发生的结果表示在右边。

梯形图按从左到右、从上到下的顺序排列。每一逻辑行起始于左母线，然后是触点的

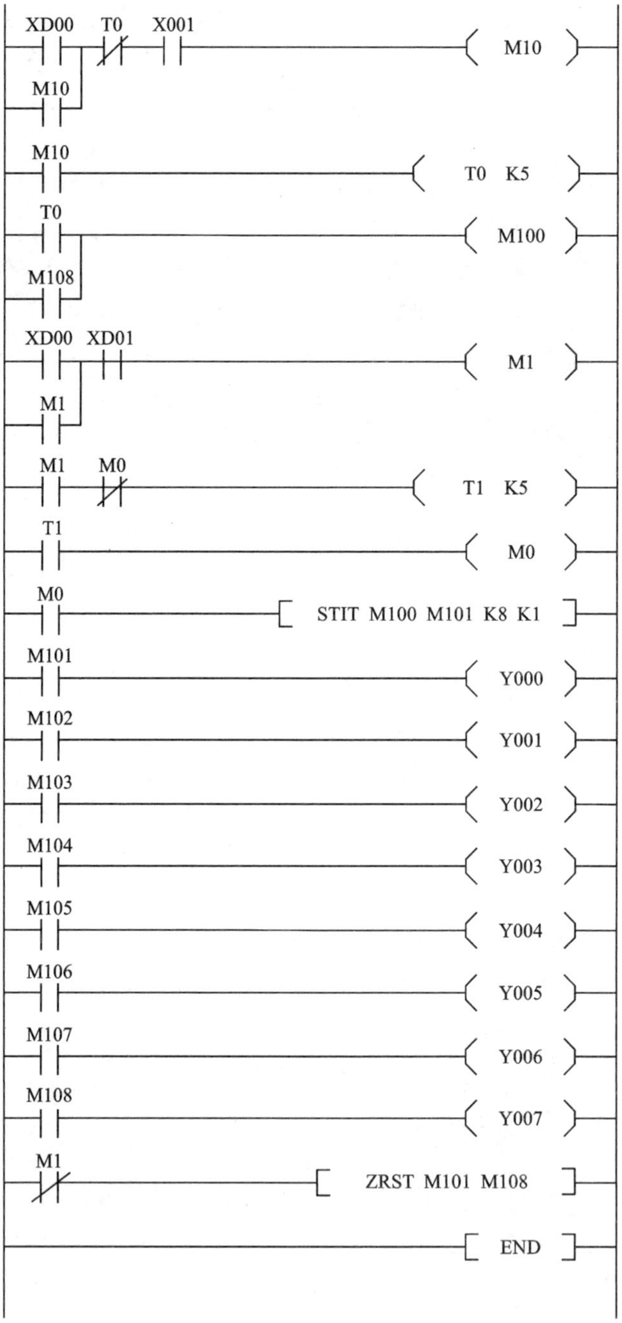

图 2-10　梯形图语言

串、并联，最后是线圈与右母线相连。梯形图中每个梯段流过的不是物理电流，而是"概念电流"，从左流向右，其两端没有电源。这个"概念电流"只是形象地描述用户程序执行中应满足线圈接通的条件。输入继电器用于接受外部输入信号，而不能由 PLC 内部其他继电器的触点来驱动。因此,梯形图中只出现输入继电器的触点,而不出现其线圈。输出继电器输出程序执行结果给外部输出设备,当梯形图中的输出继电器线圈得电时,就有信号输出,但不是直接驱动输出设备,而要通过输出接口的继电器、晶体管和晶闸管才能实现。输出继电器的触点可供内部编程使用。

(2)指令表语言

布尔助记符程序设计语言是用布尔助记符来描述程序的一种程序设计语言。布尔助记符程序设计语言与计算机中的汇编语言非常相似,采用布尔助记符来表示操作功能(图 2-11)。

布尔助记符程序设计语言具有下列特点:

①采用助记符来表示操作功能,具有容易记忆、便于掌握的特点。

②在编程器的键盘上采用助记符表示,具有便于操作的特点,可在无计算机的场合进行编程设计。

③与梯形图有一一对应关系,其特点与梯形图语言基本类同。

0	LD	X000	14	AND	X001	28		K1	42	OUT	Y004
1	OR	M10	15	OUT	M1	29			43	LD	M106
2	ANI	T0	16	LD	M1	30			44	OUT	Y005
3	AND	X001	17	ANI	M0	31			45	LD	M107
4	OUT	M10	18	OUT	T1	32			46	OUT	Y006
5	LD	M10	19	SP	K5	33	LD	M101	47	LD	M108
6	OUT	T0	20			34	OUT	Y000	48	OUT	Y007
7	SP	K5	21	LD	T1	35	LD	M102	49	LDI	X001
8			22	OUT	M0	36	OUT	Y001	50	FNC	40
9	LD	T0	23	LD	M0	37	LD	M103	51		M101
10	OR	M108	24	FNC	35	38	OUT	Y002	52		M108
11	OUT	M100	25		M100	39	LD	M104	53		
12	LD	X000	26		M101	40	OUT	Y003	54		
13	OR	M1	27		K8	41	LD	M105	55	END	

图 2-11　语句表

(3)顺序功能流程图语言

顺序功能流程图语言是一种位于其他编程语言之上的图形语言,主要用来编制顺序控制程序。顺序功能流程图(图 2-12)提供了一种组织程序的图形方向,可以用来描述系统的功能,根据它可以很容易画出梯形图。

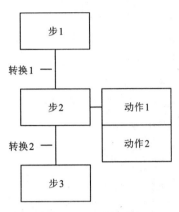

图2-12　顺序功能流程图

（4）功能模块图语言

功能模块图语言是一种类似于数字逻辑门电路的编程语言，有数字电路基础的人很容易掌握它。该编程语言用类似与门、或门和非门的方框来表示逻辑运算关系。方框的左边为逻辑运算的输入变量，右边为输出变量，信号由左向右流动（图2-13）。

（5）结构化文本语言

结构化文本语言是IEC1131-3标准创建的一种专用的高级编程语言，可以增强PLC的数学运算、数据处理、图形显示、报表打印等功能。它可以说是PLC的高级应用，故多为受过专业计算机编程训练的程序员使用。

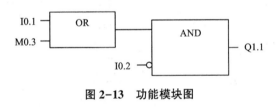

图2-13　功能模块图

2.1.4　工业控制计算机

工控机（industrial personal computer，IPC）即工业控制计算机，是一种采用总线结构，对生产过程及机电设备、工艺装备进行检测与控制的工具总称。工控机具有重要的计算机属性和特征，如具有计算机主板、CPU、硬盘、内存、外设及接口，并有操作系统、控制网络和协议、良好的计算能力、友好的人机界面。工控行业的产品和技术非常特殊，属于中间产品，为其他各行业提供稳定、可靠、嵌入式、智能化的工业计算机。

1. 工控机的组成

（1）工控机硬件组成

典型的工控机由加固型工业机箱、工业电源、主机板、显示板、硬盘驱动器、光盘驱动器、各类输入/输出接口模块、显示器、键盘、鼠标、打印机等组成。图2-14是工控机的主机箱内外部结构。

(a) 外部结构   (b) 内部结构

图 2-14   工控机的主机箱内外部结构

工控机的各部件均采用模块化结构，即在一块无源的并行底板总线上，插接多个功能模块组成一台工控机。工控机的硬件组成结构如图 2-15 所示。

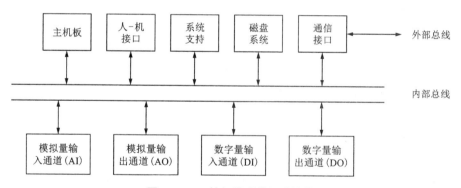

图 2-15   工控机的硬件组成结构

①工控机。

主机板是工控机的核心，由中央处理器（CPU）、存储器（RAM、ROM）和 I/O 接口等部件组成。主机板的作用是将采集到的实时信息按照预定程序进行必要的数值计算、逻辑判断、数据处理，及时选择控制策略并将结果输出到工业过程。芯片采用工业级芯片，并且是一体化（all-in-one）主板，以易于更换。

②人-机接口。

人-机接口包括显示器、键盘、打印机以及专用操作显示台等。通过人-机接口设备，操作员与计算机之间可以进行信息交换。人-机接口既可以用于显示工业生产过程的状况，也可以用于修改运行参数。

③系统支持。

系统支持功能主要包括监控定时器、电源掉电监测、后备存储器、实时日历时钟。

④磁盘系统。

磁盘系统可以用半导体虚拟磁盘，也可以配通用的软磁盘和硬磁盘或采用 USB 磁盘。

⑤通信接口。

通信接口是工控机与其他计算机和智能设备进行信息传送的通道，常用 IEEE-488、RS-232C 和 RS-485 接口。为方便主机系统集成，USB 总线接口技术正日益受到重视。

⑥I/O 模块。

I/O 模块是工控机和生产过程之间进行信号传递和交换的连接通道。其包括模拟量输入通道(AI)、模拟量输出通道(AO)、数字量(开关量)输入通道(DI)、数字量(开关量)输出通道(DO)。输入通道的作用是将生产过程的信号转换成主机能够接收和识别的代码，输出通道的作用是将主机输出的控制命令和数据进行交换，作为执行机构或电气开关的控制信号。

⑦系统总线。

系统总线可分为内部总线和外部总线。内部总线是工控机内部各组成部分之间进行信息的传送的公共通道，是一组信号线的集合。常用的内部总线有 IBM PC 总线和 STD 总线。外部总线是工控机与其他计算机和智能设备进行信息传送的公共通道，常用外部总线有 RS-232C、RS-485 和 IEEE-488 通信总线。

(2)工控机软件组成

工控机的硬件构成了工业控制机系统的设备基础，要真正实现生产过程的计算机控制必须为硬件提供相应的计算机软件，才能实现控制任务。软件是工业控制机的程序系统，可以分为系统软件、工具软件、应用软件三部分。

①系统软件。系统软件用来管理 IPC 的资源，并以简便的形式向用户提供服务，包括实时多任务操作系统、引导程序、调度执行程序等，其中操作系统是系统软件最基本的部分，如 MS-DOS 和 Windows 等系统软件。

②工具软件。工具软件是技术人员从事软件开发工作的辅助软件，包括汇编语言、高级语言、编译程序、编辑程序、调试程序、诊断程序等，借以提高软件生产效率，改善软件产品质量。

③应用软件。应用软件是系统设计人员针对某个生产过程现时编制的控制和管理程序，它往往涉及应用领域的专业知识。它包括过程输入程序、过程控制程序、过程输出程序、人—机接口程序、打印显示程序和控制程序等。当今工业自动化的发展趋势是计算机控制技术的控制与管理一体化，以便适应不断变化的市场需求。而工业控制的应用软件就起着关键性的作用，因此它应具有通用性、开放性、实时性、多任务性和网络化的特点。

现在许多专业化公司开发生产了商品化的工业控制软件，如数据采集软件、工控组态软件、过程仿真软件等，这些都为应用软件的开发提供了绝佳的使用平台。

2. 工控机的技术特点

①采用符合 EIA 标准的全钢化工业机箱，增强了抗电磁干扰能力。

②采用总线结构和模块化设计技术。CPU 卡及各功能卡皆使用插板式结构,并带有压杆(或者橡胶垫)软锁定,提高了抗冲击、抗振动能力。

③机箱内装有双风扇,微正压对流排风,并装有滤尘网用以防尘。

④配有高度可靠的工业开关电源,并有过压、过流保护。

⑤电源带有物理锁开关,可防止非法开、关。

⑥具有自诊断功能。

⑦可视需要选配 I/O 模板,ISA/PCI 总线的各类采集卡都可以选择。

⑧设有"看门狗"定时器,在因故障死机时,无须人的干预而自动复位。

⑨开放性好,兼容性好,吸收了 PC 机的全部功能,可直接运行 PC 机的各种应用软件。

⑩可配置实时操作系统,便于多任务的调度和运行。

⑪特殊行业可选用无源母板(底板),方便系统升级。

3. 工控机厂商

(1)研华工控机 Advantech

研华是一家全球领先的网络平台(eplatform)服务供应商。自 1983 年创立以来,研华始终致力于为工业电脑和自动化市场开发并生产高质量、高性能的网络平台产品及服务。研华工控机产品十分丰富,包括嵌入式电脑、CompactED 平台、工业计算机外设、工业便携式电脑以及医疗电脑、车载电脑等上百个系列上千款产品。

(2)研祥工控机 EVOC

1993 年,研祥集团在深圳创立,通过以创新为核心的快速发展,创立了全部自主知识产权和自主品牌"EVOC"的特种计算机产品;发展成为集研究、开发、制造、销售和系统整合于一体的高科技企业。由研祥集团打造的"EVOC"品牌,已经成为行业知名和领先品牌。

(3)西门子工控机

西门子工控机应用广泛,主要用于汽车制造业(例如测试台,喷涂线)、半导体和电子工业(例如扩散工厂)、可再生能源(太阳能,风能)、化工和医药行业(例如台式压力机)、化工和水行业(例如水处理,水供应)、食品行业(录入灌装系统,水果压榨机)、仓库和物流(大型立体仓库,输送系统)、机械制造(例如印刷机械,防止机械,烟草机械)等行业。目前,西门子工控机主要分为三大种类:机架式(rack),箱式(box)和面板式(panal)。

2.2　数据采集及处理

2.2.1　数据采集

"数据采集"是指温度、压力、流量、位移等模拟量采集转换成数字量后,再由计算机进行存储、处理、显示或打印的过程。

计算机技术的发展和普及提升了数据采集系统的技术水平。在生产过程中，应用这一系统可对生产现场的工艺参数进行采集、监视和记录，为提高产品质量、降低成本提供信息和手段。在科学研究中，应用数据采集系统可获得大量的动态信息，是研究瞬间物理过程的有力工具。总之，不论在哪个应用领域中，数据的采集与处理越及时，工作效率就越高，取得的经济效益就越大。

数据采集系统的任务，具体地说，就是采集传感器输出的模拟信号并转换成计算机能识别的数字信号，然后送入计算机进行相应的计算和处理，得出所需的数据。与此同时，将计算得到的数据进行显示或打印，以便实现对某些物理量的监视，其中一部分数据还将被生产过程中的计算机控制系统用来控制某些物理量。

数据采集系统性能的好坏，主要取决于它的精度和速度。在保证精度的条件下，应有尽可能高的采样速度，以满足实时采集、实时处理和实时控制对速度的要求。

由数据采集系统的任务可以知道，数据采集系统具有以下几方面的功能。

1. 数据采集

计算机按照预先选定的采样周期，对输入到系统的模拟信号进行采样，有时还要对数字信号、开关信号进行采样。数字信号和开关信号不受采样周期的限制，当这类信号到来时，由相应的程序负责处理。

2. 模拟信号处理

模拟信号是指随时间连续变化的信号，这些信号在规定的一段连续时间内，其幅值为连续值，即从一个量变到另一个量时中间没有间断，如正弦信号

$$x(t) = A\sin(\omega t + \varphi)$$

模拟信号有两种类型：一种是由各种传感器获得的低电平信号，另一种是由仪器、变送器输出的 0~10 mA 或 4~20 mA 的电流信号。这些模拟信号经过采样和 A/D(模/数)转输入计算机后，常常要进行数据的正确性判断、标度变换线性化等处理。

模拟信号非常便于传送，但它对干扰信号很敏感，容易使传送中的信号的幅值或相位发生畸变。因此，有时还要对模拟信号做零漂修正、数字滤波等处理。

3. 数字信号处理

数字信号是指在有限的离散瞬时上取值间断的信号。在二进制系统中，数字信号是由有限字长的数字组成，其中每位数字不是 0 就是 1，这可由脉冲的有无来体现。数字信号的特点是，它只代表某个瞬时的量值，是不连续的信号。数字信号是由某些类型的传感器或仪器输出的，它在线路上的传送形式有两种：一种是并行方式传送，另一种是串行方式传送。数字信号对传送线路上的不完善性(畸变、噪声)不敏感，这是因为只需检测有无脉冲信号，至于信号的精确性(幅值、持续时间)是无关紧要的。

4. 开关信号处理

开关信号主要来自各种开关器件，如按钮开关、行程开关和继电器触点等。开关信号

的处理主要是监测开关器件的状态变化。

5. 二次数据计算

通常把直接由传感器采集到的数据称为一次数据，把通过对一次数据计算而获得的数据称为二次数据。二次数据计算主要有平均值、累计值、变化率、差值、最大值和最小值等。

6. 屏幕显示

可把各种数据以方便操作者观察的方式显示出来。屏幕上显示的内容一般称为画面。常见的画面有相关画面、趋势图、模拟图、一览表等。

2.2.2　数据处理

数据处理的任务主要有以下几点：

（1）对采集到的电信号做物理量解释

在数据采集系统中，被采集的物理量（温度、压力、流量等）经传感器转换成电量，又经过信号放大、采样、量化和编码等环节之后，被系统中的计算机所采集，但采集到的数据仅仅是以电压的形式表现。它虽然含有被采集物理量变化规律的信息，但由于没有明确的物理意义，因而不方便处理和使用。

（2）消除数据中的干扰信号

在数据的采集、传送和转换过程中，由于系统内部和外部干扰、噪声的影响，或多或少会在所采集的数据中混入干扰信号，因而必须采用各种方法（如剔除奇异项、滤波等）最大限度地消除干扰以保证数据采集系统的精度。

（3）分析计算数据的内在特征

通过对采集到的数据进行变换加工（如求均值或做傅里叶变换等），或在有关联的数据之间进行某些运算（如计算相关函数），从而得到能表达该数据内在特征的二次数据，所以有时也称这种处理为二次处理。例如，采集到一个振动过程的振动波形（随时间变化的数据，即时域数据），由于频谱能更好地说明振动波形对机械结构所产生的影响，因此可用傅里叶变换得出振动波形的频谱。

目前先进的数据处理方法有以下几种：

①统计分析理论：回归分析、关联分析、支持向量机（SVM）。

②灰色系统理论。

③小波分析：故障诊断、图像识别和重构。

④模糊数学。

⑤神经网络：BP、RBF、CMAC。

⑥遗传算法：免疫遗传算法。

⑦软测量技术。

⑧数据融合（信息融合）。

2.3 基于现场总线的火灾自动报警系统

现场总线(fieldbus)是20世纪80年代末、90年代初国际上发展形成的,用于过程自动化、制造自动化、楼宇自动化等领域的现场智能设备互联通信网络,是现场通信网络与控制系统的集成,并由此产生了新一代的现场总线控制系统FCS(fieldbus control system)。

现场总线是企业的底层数字通信网络,是连接微机化仪表的开放系统。从某种意义上说,一台现场总线仪表就相当于一台微机,它以现场总线为纽带,互联成网络系统,完成数字通信任务。

2.3.1 现场总线的基本概念

现场总线是近年来迅速发展起来的一种工业数据总线,主要解决工业现场的智能化仪器仪表、控制器、执行机构等现场设备间的数字通信以及这些现场控制设备和高级控制系统之间的信息传递问题。由于现场总线具有简单、可靠、经济实用等一系列突出的优点,因而受到了许多标准团体和计算机厂商的高度重视。

现场总线控制系统既是一个开放的通信网络,又是一种全分布控制系统。它作为智能设备的联系纽带,把挂接在总线上、作为网络节点的智能设备连接为网络系统,并进一步构成自动化系统,实现基本控制、补偿计算、参数修改、报警、显示、监控、优化及控管一体化的综合自动化功能。这是一项以智能传感器、计算机、数字通信网络为主要内容的综合技术。

2.3.2 现场总线的优点

1. 节省硬件数量与投资

由于分散在现场的智能设备能直接执行多种传感、测量、控制、报警和计算功能,因而可减少变送器的数量,不再需要单独的调节器、计算单元等,也不再需要DCS系统的信号调理、转换、隔离等功能单元及其复杂接线,还可以用工控PC机作为操作站,从而节省了一大笔硬件投资,并可减少控制室的占地面积。

2. 节省安装费用

现场总线系统的接线十分简单,一对双绞线或一条电缆上通常可挂接多个设备,因而电缆、端子、槽盒、桥架的用量大大减少,连线设计与接头校对的工作量也大大减少。当需要增加现场控制设备时,无须增设新的电缆,可就近连接在原有的电缆上,既节省了投资,又减少了设计、安装的工作量。有关典型试验工程的测算资料表明,现场总线系统可节约安装费用60%以上。

3. 节省维护开销

现场控制设备具有自诊断与简单故障处理的能力，并通过数字通信将相关的诊断维护信息送往控制室，用户可以查询所有设备的运行情况、诊断维护信息，以便早期分析故障原因并快速排除，缩短了维护停工时间，同时由于系统结构简化、连线简单而减少了维护工作量。

4. 用户具有高度的系统集成主动权

用户可以自由地选择不同厂商所提供的设备来集成系统。避免因选择了某一品牌的产品而限制了使用设备的选择范围，不会为系统集成中不兼容的协议、接口而一筹莫展，使系统集成过程中的主动权牢牢掌握在用户手中。

5. 提高了系统的准确性与可靠性

现场设备的智能化、数字化与模拟信号相比，从根本上提高了测量与控制的精确度，减少了传送误差。简化了系统结构，设备与连线减少，现场设备内部功能加强，减少了信号的往返传输，提高了系统的工作可靠性。

6. 现场设备的智能化与功能自治性

传统数控机床的信号传递是模拟信号的单向传递，信号在传递过程中产生的误差较大，系统难以迅速判断故障而带故障运行。而现场总线中采用双向数字通信，将传感测量、补偿计算、工程量处理与控制等功能分散到现场设备中完成，可随时诊断设备的运行状态。

7. 对现场环境的适应性

现场总线是为适应现场环境工作而设计的，可支持双绞线、同轴电缆、光缆、射频、红外线及电力线等，其具有较强的抗干扰能力，能采用两线制实现送电与通信，并可满足安全及防爆要求等。

此外，由于它的设备标准化、功能模块化，因而还具有设计简单、易于重构等优点。

2.3.3 现场总线控制系统的组成及功能

1. 现场总线控制系统

（1）现场总线控制系统的硬件组成

现场总线控制系统是一种总线网络，所有现场仪表都是一个网络节点，并挂接在总线上，每一个节点都是一个智能设备，因此现场总线控制系统中已经不存在现场控制站，只需要工业 PC 即可。在现场总线控制系统中，以微处理器为基础的现场仪表已不再是传统意义上的变送或执行单元，而是同时起着数据采集、控制、计算、报警、诊断、执行和通信的作用。每台仪表均有自己的地址与同一通道上的其他仪表进行区分。所有现场仪表均可采用总线供电方式，即电源线和信号线共用一对双绞线。

(2)现场总线的软件组成

现场总线控制系统的软件体系主要由组态软件、设备管理软件和监控软件组成。

1)组态软件

组态软件包括通信组态与控制系统组态。生成各种控制回路，通信关系；明确系统要完成的控制功能、各控制回路的组成结构、各回路采取的控制方式与策略；明确节点与节点间的通信关系，以便实现各现场仪表之间、现场仪表与监控计算机之间以及计算机与计算机之间的数据通信。

2)设备管理软件

设备管理软件可以提供设备自身及过程的诊断信息、管理信息、设备运行状态信息(包括智能仪表)、厂商提供的设备制造信息。例如 Fisher-Rosemount 公司，推出 AMS 管理系统，它安装在主计算机内，由它完成管理功能，可以构成一个现场设备的综合管理系统信息库，在此基础上实现设备的可靠性分析以及预测性维护。将被动的管理模式改变为可预测性的管理维护模式，AMS 软件是以现场服务器为平台的 T 型结构，在现场服务器上支撑模块化，功能丰富的应用软件为用户提供一个图形化界面。

3)监控软件

监控软件是必备的直接用于生产操作和监视的控制软件包，其功能十分丰富，主要功能如下所述。

①实时数据采集：将现场的实时数据送入计算机，并置入实时数据库的相应位置。

②常规控制计算与数据处理：如标准 PID，积分分离，超前滞后，比例，一阶、二阶惯性滤波，高选、低选，输出限位等。

③优化控制在数学模型的支持下，完成监控层的各种先进控制功能：如卡边控制专家系统、预测控制、人工神经网络控制、模糊控制等。

④逻辑控制：完成如开、停车等顺序启停过程。

⑤报警监视：监视生产过程的参数变化，并对信号越限进行相应的处理，如声光报警等。

⑥运行参数的界面显示：带有实时数据的流程图、棒图显示，历史趋势显示等。

⑦报表输出：完成生产报表的打印输出。

⑧操作与参数修改：实现操作人员对生产过程的人工干预，修改给定值、控制参数报警限值等。

2. 现场总线测量系统

现场总线测量系统具有多变量、高性能的测量特点，可使测量仪表同时具有信息采集、处理等更多智能化功能。具体特点如下所述。

①采用数字信号。

②分辨率高。

③准确性高。

④抗干扰、抗畸变能力强。

⑤可实时监控仪表设备的状态信息。

⑥可以对处理过程进行动态调整。

3. 总线系统计算机服务模式

客户机/服务器模式是较为流行的网络计算机服务模式。服务器表示数据源(提供者),客户机则表示数据使用者,它从数据源处获取数据,并进一步进行处理。客户机运行在 PC 机或工作站上。服务器运行在小型机或大型机上,它使用双方的智能、资源、数据来完成任务。

4. 数据库

它能有组织地、动态地存储大量有关数据与应用程序,实现数据的充分共享、交叉访问,具有高度独立性。工业设备在运行过程中参数连续变化,数据量大,操作与控制的实时性要求很高,因此形成了一个可以互访操作的分布关系及实时性的数据库系统,市面上成熟的供选用的如关系数据库中的 Oracle、Sybase、Informix、SQL Server;实时数据库中的 Infoplus、PI、ONSPEC 等。

5. 网络系统的硬件与软件

网络系统的硬件有系统管理主机、服务器、网关、协议变换器、集线器、用户计算机等及底层智能化仪表。网络系统的软件有网络操作软件,如 NetWare、LAN Manager、Vines;还有服务器操作软件,如 Linux、OS/2、Windows NT;以及应用软件数据库、通信协议、网络管理协议等。

2.3.4　几种现场总线的介绍

自 20 世纪 80 年代末以来,有几种现场总线技术已逐渐形成其影响并在一些特定的应用领域中显示了自己的优势。它们具有各自的特点,也显示了较强的生命力,对现场总线技术的发展已经发挥并将继续发挥较大作用。

下面介绍五种常用的现场总线。

1. FF 总线

FF 总线(以下简称 FF)是以美国 Fisher-Rosemount 公司为首的联合了横河、ABB、西门子、英维斯等 80 家公司制定的 ISP 协议和以 Honeywell 公司为首的联合欧洲等地 150 余家公司制定的 WorldFIP 协议于 1994 年 9 月合并的。该总线在过程自动化领域得到了广泛的应用,具有良好的发展前景。FF 采用国际标准化组织 ISO 的开放化系统互联 OSI 的简化模型(1,2,7 层),即物理层、数据链路层、应用层,另外增加了用户层。FF 分为低速 H1 和高速 H2 两种通信速率,前者传输速率为 31.25 Kbit/s,通信距离可达 1900 m,可支持总线供电和本质安全防爆环境。后者传输速率为 1 Mbit/s 和 2.5 Mbit/s,通信距离为

750 m 和 500 m，支持双绞线、光缆和无线发射，协议符合 IEC1158-2 标准。FF 的物理媒介的传输信号采用曼彻斯特编码。

2. CAN 总线

CAN 总线最早由德国 BOSCH 公司推出，它广泛用于离散控制领域，其总线规范已被 ISO 国际标准组织制定为国际标准，得到了 Intel、Motorola、NEC 等公司的支持。CAN 协议分为二层，即物理层和数据链路层。CAN 的信号传输采用短帧结构，传输时间短，具有自动关闭功能，具有较强的抗干扰能力。CAN 支持多主工作方式，并采用了非破坏性总线仲裁技术，通过设置优先级来避免冲突，通信距离最远可达 10 km/5(Kbit/s)，通信速率最高可达 40 m/1(Mbit/s)，网络节点数实际可达 110 个。目前已有多家公司开发了符合 CAN 协议的通信芯片。

3. Lonworks 总线

Lonworks 总线由美国 Echelon 公司推出，并由 Motorola、Toshiba 公司共同倡导。它采用 ISO/OSI 模型的全部 7 层通信协议，采用面向对象的设计方法，通过网络变量把网络通信设计简化为参数设置。支持双绞线、同轴电缆、光缆和红外线等多种通信介质，通信速率从 300 bit/s 至 1.5 Mbit/s 不等，直接通信距离可达 2700 m(78 Kbit/s)，被誉为通用控制网络。Lonworks 总线采用的 LonTalk 协议被封装到 neuron(神经元)的芯片中，并得以实现。采用 Lonworks 总线和神经元芯片的产品，被广泛应用在楼宇自动化、家庭自动化、保安系统、办公设备、交通运输、工业过程控制等行业中。

4. PROFIBUS 总线

PROFIBUS 总线是德国标准(DIN19245)和欧洲标准(EN50170)的现场总线标准。由 PROFIBUS-DP、PROFIBUS-FMS、PROFIBUS-PA 系列组成。DP 用于分散外设间高速数据传输，适用于加工自动化领域。FMS 适用于纺织、楼宇自动化、可编程控制器、低压开关等。PA 用于过程自动化的总线类型，服从 IEC1158-2 标准。PROFIBUS 总线支持主-从系统、纯主站系统、多主多从混合系统等几种传输方式。PROFIBUS 总线的传输速率为 9.6~12 Mbit/s，最大传输距离在 9.6 Kbit/s 以下时为 1200 m，在 12 Mbit/s 以下时为 200 m，可采用中继器延长至 10 km，传输介质为双绞线或者光缆，最多可挂接 127 个站点。

5. HART 总线

HART 是 highway addressable remote transducer 的缩写，HART 总线最早由 Rosemount 公司开发。其特点是在现有模拟信号传输线上实现数字信号通信，属于模拟系统向数字系统转变的过渡产品。其通信模型采用物理层、数据链路层和应用层三层，支持点对点主从应答方式和多点广播方式。由于它采用模拟数字信号混合，难以开发通用的通信接口芯片。HART 能利用总线供电，可满足本质安全防爆的要求，并可用于由手持编程器与管理系统主机作为主设备的双主设备系统。

2.4　物联网技术

物联网(internet of things，IoT)是将所有信息传感设备与互联网结合形成一个巨大的网络，实现在任何时间，任何地点，任何物体(人、机、物)的互连互通。

2.4.1　物联网的定义

物联网早期的定义：物联网是通过各种信息传感设备，按照约定的协议，把各种物品和互联网连接起来，进行信息交换和通信，以实现对物品的智能化识别、定位、跟踪、监控和管理的一种网络。如果说互联网可以实现人与人之间的交流，那么物联网则可以实现人与物、物与物之间的连通。物联网的概念模型如图 2-16 所示。

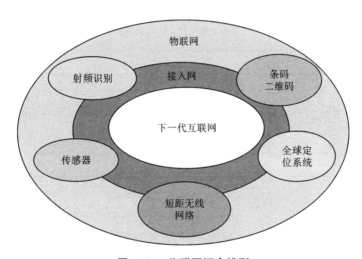

图 2-16　物联网概念模型

从图 2-16 中可以看到，物联网将生活中各类物品与它们的属性标识连接到一张巨大的互联网上，使得原来只是人与人交互的互联网升级为连接世界万物的物联网，通过物联网，人们可以获得任何物品的信息，而对这些信息的提取、处理并合理运用将使人类的生产和生活产生巨大的变革。这里的"物"具有以下条件才能被纳入"物联网"的范围：相应物品的信息的接收器、数据传输通道、一定的存储功能、CPU、操作系统、专门的应用程序、数据发送器、遵循物联网的通信协议以及在网络中有可被识别的唯一编号。

一般认为，物联网具有以下三大特征：

①全面感知。利用 RFID、传感器、二维码等随时随地获取和采集物品的信息。

②可靠传递。通过无线网络与物联网的融合，将物品的信息实时准确地传递给用户。

③智能处理。利用云计算、数据挖掘以及模糊识别等人工智能技术，对海量的信息数

据进行分析和处理,对物品实施智能化的控制。

2.4.2 物联网的体系结构

物联网是物理世界和信息空间的深度融合系统,涉及众多的技术领域和应用行业,需要对物联网中设备实体的功能、行为和角色进行梳理,从各种物联网的应用中总结出元件、组件、模块和功能的共性和区别,建立一种科学的物联网体系结构,以促进物联网标准的统一制定,规范和引领物联网产业的发展。

按照物联网数据的产生、传输和处理的流动方向,物联网的体系结构如图 2-17 所示。物联网大致被公认有 3 个层次:底层是用来感知数据的感知层;中间层是用于传输数据的网络层;最上层则是与行业需求相结合的应用层。

应用层	智能交通	环境检测	工业监控
	服务平台	信息开放平台	公共中间件

网络层	专用层	环境检测	M2M
	INTERNET	INTRANET	GSM

感知层	中间件技术	传输技术	信息处理技术
	RFID	传感器	二维码

图 2-17 物联网的体系结构

1. 感知层

感知层主要用于感知物体,采集数据。它是通过移动终端、传感器、RFID(射频识别技术)、二维码技术和实时定位技术等对物质属性、环境状态、行为态势等动态和静态信息进行大规模、分布式的信息获取与状态辨识。针对具体感知任务,常采用协同处理的方式对多种类、多角度、多尺度的信息进行在线计算,并与网络中的其他单元共享资源进行交互与信息传输。其作用相当于人的眼耳鼻喉和皮肤等神经末梢。

2. 网络层

网络层能够把感知到的信息进行传输，实现互联。这些信息可以通过 INTERNET、INTRANET、GSM、CDMA 等网络进行可靠、安全的传输。在传输层，主要采用了与各种异构通信网络接入的设备，如接入互联网的网关、接入移动通信网的网关等。因为这些设备具有较强的硬件支撑能力，所以可以采用相对复杂的软件协议设计。传输层的作用相当于人的神经中枢和大脑，负责传递和处理感知层获取的信息。

3. 应用层

应用层是物联网和用户的接口，它与行业需求相结合，实现物联网的智能应用。根据用户需求，应用层构建面向各类行业实际应用的管理平台和运行平台，并根据各种应用的特点集成相关的内容服务。为了更好地提供准确的信息服务，必须结合不同行业的专业知识和业务模型，以完成更加精细和准确的智能化信息管理。其应用包括智能交通、绿色农业、智能电网、手机钱包、智能家电、环境监测、工业监控等。

2.4.3　物联网的关键技术

物联网是继互联网后又一次的技术革新，其关键技术包括 RFID 技术、传感网技术、M2M 技术、云计算等。

1. RFID 技术

RFID 是 radio frequency identification 的缩写，意思是射频识别，俗称电子标签，是物联网最关键的一个技术。它是利用射频信号实现无接触信息传递并通过所传递的信息达到识别目的的技术。由于它是一种非接触式的自动识别技术，因此识别工作无须人工干预，可适用于各种恶劣环境。RFID 技术可识别高速运动物体并可同时识别多个标签，操作方便快捷。

RFID 系统一般由读写器、标签及信息处理系统三个部分组成。标签是一个内部保存数据的无线收发装置，负责发送数据给读写器。读写器是一个捕捉和处理标签数据的装置，同时还负责与后台处理系统接口。信息处理系统则是在读写器与标签之间进行数据通信所必需的软件集合。

在 RFID 中要实现物体之间的互联就必须给每件物体一个识别编码，也就是用于身份验证的 ID。每个物品都有一个 ID 来证明它的唯一性。正是 RFID 对物体的唯一标识性，使其成为物联网的热点技术。而作为条形码的无线版本 RFID 技术有条形码不具备的防水、防磁、耐高温、可加密等优点。

2. 传感网技术

传感网是由大量部署在监测区域内的传感器节点构成的多个无线网络系统，即无线传感网（WSN）。它能够实时检测、感知和采集感知对象的各种信息，并对这些信息进行处理后通过无线网络发送出去。物联网正是通过各种各样的传感器以及由它们组成的无线传感网来感知整个物质世界的。

在物联网中，首先要解决的就是获取准确可靠的信息，而传感器是获取信息的主要途径与手段。传感器是一种检测装置，用来感知信息采集点的环境参数，例如声、光、电、热等信息，并能将检测感知到的信息按一定规律变换成电信号或所需形式输出，以满足信息的传输、处理、存储和控制等要求。

传感网是物联网的底层和信息来源，因此需要对其运行状态及信号传输的通畅性进行监测，才能实现对网络的有效控制。除了一般无线网络所面临的信息泄露、信息篡改等多种威胁外，传感网还面临节点容易被操纵的威胁，因而在通信前进行节点的身份认证很有必要。

3. M2M 技术

M2M 通过实现人与人（man to man）、人与机器（man to machine）、机器与机器（machine to machine）的通信，让机器、设备、应用处理过程与后台信息系统共享信息。M2M 技术的应用几乎涵盖了各行各业，通过"让机器开口说话"，使机器设备不再是信息孤岛，实现对设备和资产有效的监控与管理。

M2M 产品主要由无线终端、传输通道和行业应用中心三部分构成。无线终端是特殊的行业应用终端，传输通道是从无线终端到用户端的行业应用中心之间的通道，行业应用中心是终端上传数据的集中点。

M2M 包括硬件和软件平台。其硬件是使机器具有通信或联网能力的部件，能够从各种机器、设备处获取数据并传送到通信网络硬件厂商。M2M 的软件包含中间件、通信网关、实时数据库、集成平台、构件库及行业化的应用套件等。

4. 云计算

云计算（cloud computing）是网格计算、并行计算、网络存储等传统计算机技术和网络技术发展融合的产物。它旨在通过网络把多个成本相对较低的计算实体整合成一个具有强大计算能力的完美系统。

物联网要求每个物体都与该物体的唯一标识符相关联，这样就可以在数据库中进行检索。另外随着物联网的发展，终端数量的急剧增长会产生庞大的数据流，因此需要一个海量的数据库对这些数据信息进行收集、存储、处理与分析，以提供决策和行动。传统的信息处理中心是难以满足这种计算需求的，这就需要引入云计算。

云计算可以为物联网提供高效的计算、存储能力，通过提供灵活、安全、协同的资源共享来构造一个庞大的、分布式的资源池，并按需进行动态部署、配置及取消服务。其核心理念就是通过不断提高"云"的处理能力，最终使用户终端简化成一个单纯的输入输出设备，并能按需享受"云"的强大计算处理能力。

思考题

1. 单片机由哪几个功能部件组成？各功能部件的作用如何？
2. 可编程序控制器的应用形式有哪些类型？
3. 现场总线控制技术的国际标准有哪些？
4. 阐述物联网未来的发展趋势。

第3章

火灾自动报警系统

3.1 火灾自动报警系统基本组成

典型的火灾自动报警系统主要由火灾触发装置、火灾报警装置、火灾警报装置、联动控制装置以及消防电源等组成，各装置包含具有不同功能的设备，各种设备按规范要求分别安装在防火区域现场或消防控制中心，通过敷设的数据线、电源线、信号线及网络通信线等线缆或通过无线通信方式将现场分布的各种设备与消防中心的火灾报警器及联动控制器等火灾监控设备连接起来，形成一套具有探测火灾、按既定程序实施疏散及灭火联动功能的系统。火灾自动报警系统框图如图 3-1 所示。对于部分有特别需求的场所，其火灾自动报警系统还包含可燃气体报警子系统和(或)电气火灾监控子系统。

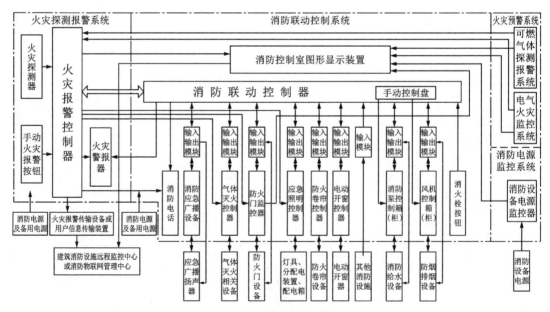

图 3-1 火灾自动报警系统框图

3.1.1　火灾触发装置

在火灾自动报警系统中，自动或手动产生火灾报警信号的装置称为触发装置。火灾触发方式可分为自动触发和手动触发。火灾自动触发装置有火灾探测器、水流指示器、压力开关；手动触发装置有手动火灾报警按钮、消火栓按钮。

1. 火灾探测器

火灾探测器是火灾自动报警系统的重要组成部分，也是主要的火灾触发装置，布置在探测区域内，用来感知初期火灾的发生，并将火灾信号传递给火灾报警控制器，实现火灾报警功能。

火灾探测器的工作原理：火灾发生时，物质燃烧产生烟雾、火焰等物理现象，火灾探测器内部的传感元件对这些物理现象的特征信号产生响应，并将其转换成电信号，通过信号放大、传输等过程，向火灾报警控制器发出火灾报警信息。

火灾探测器是火灾自动报警系统中应用量最大、应用范围最广、最基本的火灾报警触发器件，其中目前应用最多的是感烟探测器(图 3-2 和图 3-3)和感温探测器。

图 3-2　点型感烟探测器

图 3-3　红外光束感烟探测器

2. 手动火灾报警按钮

手动火灾报警按钮(简称手报)是通过手动启动器件产生火灾报警信号的装置，其主要作用是确认火情后人工发出火警信号。

手动火灾报警按钮按触发方式可分为两种：玻璃破碎式报警按钮，可复位式报警按钮。

玻璃破碎式报警按钮在使用时击碎玻璃片即可触发报警信号，其玻璃片为一次性使用部件，报警后应重新更换玻璃片。可复位式报警按钮在使用时用力按下即可触发报警信号，复位时使用专用的复位钥匙进行复位(图 3-4)。

正常情况下，手动报警按钮由人发现火灾情况后主动执行操作，因此手动报警按钮的报警信号比火灾探测器的报警信号更可靠，一般用作消防设备联动的一个火警判断信号。如有火灾发生，经人工确认后手动按下按钮，火灾报警信号可通过报警信号线发送给火灾报警控制器，同时手动报警按钮上的报警指示灯点亮。

图 3-4　可复位式手动火灾报警按钮

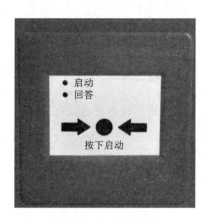

图 3-5　消火栓按钮

3. 消火栓按钮

消火栓按钮一般放置于消火栓箱内，其表面装有一按片，当发生火灾时可直接按下按片（图 3-5），此时消火栓按钮的红色启动指示灯亮，并能向控制中心发出信号。

消火栓按钮不宜作为直接启动消防水泵的开关，但可作为发出报警信号的开关或启动干式消火栓系统的快速启闭装置等。

3.1.2　火灾报警装置

在火灾自动报警系统中，能够接收及传递火灾报警信号，记录、显示及打印报警信息，发出控制信号以及具有其他辅助功能的报警控制装置称为火灾报警装置。火灾报警装置是火灾自动报警系统的核心，主要包括火灾报警控制器、火灾显示盘等设备。

1. 火灾报警控制器

火灾报警控制器是火灾自动报警系统的"大脑"，具有信息接收、处理、判断、指挥、存储及报警的功能，是整个火灾自动报警系统有效运行的核心。火灾报警控制器接收到火灾报警信号后，控制器记录和显示出报警按钮的具体位置等火灾报警信息，并按既定程序执行相关火灾报警和消防联动操作。

（1）火灾报警控制器的分类

按应用方式可分为独立型、区域型、集中型、通用型。独立型火灾报警控制器不具有向其他控制器传递信息的功能；区域型火灾报警控制器直接与控制区域内火灾触发装置相连，处理各种报警信息，并可向其他控制器传递报警信息；集中型火灾报警控制器一般不与火灾触发装置直接相连,而是通过处理区域火灾报警控制器传送的报警信号来实现火灾报警控制管理;通用型火灾报警控制器通过对软硬件配置的设置和修改来实现火灾报警控制管理,既可以作为区域型火灾报警控制器,也可以作为集中型火灾报警控制器。

按结构形式可分为壁挂式火灾报警控制器、立柜式火灾报警控制器和琴台式火灾报警控制器(图 3-6)。

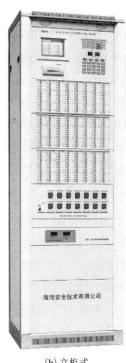

(a) 壁挂式　　　　　　(b) 立柜式　　　　　　(c) 琴台式

图 3-6　火灾报警控制器

按系统连线方式可分为多线制火灾报警控制器和总线制火灾报警控制器。

按工作环境可分为陆用型火灾报警控制器和船用型火灾报警控制器。陆用型火灾报警控制器即建筑物中一般常用的火灾报警控制器;船用型火灾报警控制器对工作温度、相对湿度等环境适应性要求均高于陆用型,环境试验及电磁兼容试验也有所不同。

(2) 火灾报警控制器的功能

① 火灾报警功能。

火灾报警控制器能够直接或间接地接收来自火灾探测器及其他火灾报警触发器件的火灾报警信号,发出火灾报警声、光信号,指示报警触发器件及火灾发生部位,记录火灾报警时间,并予以保持,直至手动复位。

当有火灾报警信号输入时,控制器能够在 10 s 内发出火灾报警声、光信号,进入报警状态。对来自火灾探测器的火灾报警信号可设置不超过 1 min 的报警延时,延时期间控制器有延时灯光指示,延时设置信息能通过本机操作。

在火灾报警控制器需要接收来自同一探测区域两个及以上火灾报警信号才能确定发出火灾报警信号的情况下，接收到第一个火灾报警信号时，发出火灾报警声信号或故障声信号，并指示相应部位，但不进入火灾报警状态。控制器在 60 s 内接收到要求的后续火灾报警信号时，进入报警状态，若在 30 min 内仍未接收到要求的后续火灾报警信号，第一个火灾报警信号则自动复位。在控制器需要接收到不同部位两只火灾探测器的火灾报警信号才能确定发出火灾报警信号的情况下，第一个火灾报警信号自动复位所需的时间间隔不小于 5 min。

火灾报警控制器设有手动复位按钮（键），复位之后仍然存在的状态及相关信息均能够保持或在 20 s 内重新建立。除复位操作外，对控制器的任何操作均不能够影响控制器接收和发出火灾报警信号。

②火灾报警控制功能。

火灾报警控制器在火灾报警状态下能进行火灾声和/或光警报器控制输出，并能够手动消除火灾声和/或光警报器的声警报信号，直到有新的火灾报警信号输入。

火灾报警控制器可设置其他控制输出，用于火灾报警传输设备和消防联动设备等设备控制，每一控制输出有对应的手动直接控制按钮，在发出火灾报警信号后 3 s 内启动相关的控制输出，有延时要求的除外。

③故障报警功能。

火灾报警控制器设有专用故障总指示灯，无论控制器处于何种状态，只要有故障信号存在，该故障总指示灯点亮，且任一故障均不影响非故障部分的正常工作。

当火灾报警控制器内部、控制器与其连接的部件间发生故障时，控制器能够在 100 s 内发出与火灾报警信号有明显区别的故障声、光信号，故障声信号能够手动消除，直到再有故障信号输入，故障光信号保持至故障排除。

火灾报警控制器能够显示故障的部位包括：控制器与火灾探测器、手动火灾报警按钮及火灾报警信号传输部件间连接线的断路、短路（短路时发出火灾报警信号除外）和影响报警功能的接地；控制器与火灾显示盘间连接线的断路、短路和影响相关功能的接地；控制器与其控制的火灾声光警报器、火灾报警传输设备及消防联动设备间连接线的断路、短路和影响相关功能的接地；备用电源与其充电器、负载间连接线的断路、短路；主电源欠压。

④屏蔽功能。

火灾报警控制器设有专用屏蔽总指示灯，无论控制器处于何种状态，只要有屏蔽存在，该屏蔽总指示灯点亮，且屏蔽状态不受控制器复位等操作的影响。

火灾报警控制器能够手动对其进行单独屏蔽，解除屏蔽操作的设备包括：每个部位或探测区、回路；消防联动控制设备；故障警报设备；火灾声光警报器；火灾报警传输设备。

⑤监管功能。

火灾报警控制器设有专用监管报警状态总指示灯，无论控制器处于何种状态，只要有监管信号输入，该监管报警状态总指示灯点亮。

当有监管信号输入时，火灾报警控制器能够在 100 s 内发出与火灾报警信号有明显区别的监管报警声、光信号。其中，声信号仅能手动消除，当有新的监管信号输入时能再启动,光信号保持至手动复位。复位后监管报警状态能够保持或在 20 s 内重新建立。

⑥自检功能。

火灾报警控制器检查本机火灾报警功能的过程称为自检。控制器能够自动或手动启动自检功能,且在自检过程中,受其控制的外接设备和输出接点均不动作,但不影响非自检部位、探测区和控制器本身的火灾报警功能。

⑦信息显示与查询功能。

火灾报警控制器能够显示火灾报警、监管报警、故障报警及其他状态相关信息,且按照信息显示等级由高至低顺序排列,高等级的状态信息优先显示,低等级状态信息显示不影响高等级状态信息显示。显示的信息与对应的状态一致且易于辨识,并可以进行手动查询。

⑧系统兼容功能(不适用于独立型火灾报警控制器)。

区域控制器能够向集中控制器发送火灾报警、火灾报警控制、故障报警、自检以及可能具有的监管报警、屏蔽、延时等各种完整信息,并能够接收、处理集中控制器的相关指令。

火灾报警控制器能够接收和显示来自各区域控制器的火灾报警、火灾报警控制、故障报警、自检以及可能具有的监管报警、屏蔽、延时等各种完整信息,进入相应状态,并且能够向区域控制器发出控制指令。

集中控制器在与其连接的区域控制器间连接线发生断路、短路和影响相关功能的接地时能够进入相应状态并显示区域控制器的部位。

⑨电源功能。

火灾报警控制器静电源部分具有主电源和备用电源转换装置。当主电源断电时,能够自动转换到备用电源;主电源恢复时,能自动转换到主电源;控制器设有主、备电源工作状态指示,主电源设有过流保护措施;主、备电源的转换能够保证不使控制器产生误动作。

⑩软件控制功能。

利用软件实现控制功能的火灾报警控制器,设有程序运行监视功能,当其不能运行主要功能程序或存储器内容出错时,控制器能够在 100 s 内发出系统故障信号。在程序执行出错时,控制器能够在 100 s 内进入安全状态。

2. 火灾显示盘

火灾显示盘,又称楼层显示器、区域显示器,是一种安装在各楼层或报警区域内的火灾报警显示装置,用于重复显示火灾报警系统保护区域内的火警及故障信息,并发出声光报警信号,便于消防巡视及救援人员迅速准确地获取火警信息,找到火警位置并及时实施救援(图 3-7)。

火灾显示盘按其显示方式可分为文字显示型和图形显示型。

火灾显示盘通过数据线与火灾报警控制器相连,接收并显示火灾报警控制器传送过来的信息。在火灾报警控制器发出火警、故障或监管信号后,火灾显示盘能够在 3 s 内发出相应的声光报警信号,显示相应报警部位及触发器件信息并且可以手动查询,其中报警声信号能够手动消除,直到有新的火灾报警信号输入,而报警光信号保持至火灾报警控制器复位。

火灾显示盘具有手动自检功能，以检查其音响、指示灯和显示器的工作状态。当自检时间超过 1 min 或其不能自动停止自检时，如有信号输入，应自动指示相应的状态并显示相应的信息。

图 3-7　火灾显示盘

3. 可燃气体报警控制器

可燃气体报警控制器可接收可燃气体探测器的信号，实时显示测量值，当测量值达到设定的报警值时，控制主机发出声、光报警，提示操作人员及时采取安全处理措施，同时输出控制信号，按既定程序执行相关火灾报警和消防联动操作(图 3-8)。

图 3-8　可燃气体报警控制器

(1)可燃气体报警控制器的分类

按工作方式可分为总线制和多线制。

按使用环境可分为室内使用型和室外使用型。

按应用方式可分为独立型（不具有向其他控制器传递信息功能的控制器）、区域型（具有向其他控制器传递信息功能的控制器）、集中型（具有接收其他控制器传递的信息并集中显示功能的控制器）。

（2）可燃气体报警控制器的功能

①可燃气体浓度显示功能。

可燃气体报警控制器能够显示可燃气体的浓度，且无论与其连接的探测器是否具有浓度显示，控制器的浓度显示值始终与探测器的测量值保持同步。其全量程指示偏差满足表 3-1 的要求。

表 3-1　可燃气体浓度显示功能要求

配接可燃气体探测器类型	误差绝对值范围
测量范围为 3%~100%LEL 的探测器	5%LEL 量程
测量范围在 3%LEL 以下的探测器	5%LEL 量程与 80×10^{-6}（体积分数）之中的较大值 一氧化碳探测器为 $\pm(80 \times 10^{-6})$（体积分数）
测量范围在 100%LEL 以上的探测器	5%LEL 量程

可燃气体报警控制器的报警状态不影响控制器的浓度显示功能，其故障回路不影响任何非故障回路的浓度显示功能。

②可燃气体报警功能。

可燃气体报警控制器具有低限报警或低限、高限两段报警功能，可直接或间接接收来自可燃气体探测器及其他报警触发器件的报警信号，并在 10 s 内发出可燃气体报警声、光信号，指示报警部位，记录报警时间，并保持至手动复位。

对来自可燃气体探测器的报警信号，可燃气体报警控制器可设置报警延时，其最大延时时间不应超过 1 min，其间有延时光指示。

除复位操作外，对可燃气体报警控制器的任何操作均不影响控制器接收和发出可燃气体报警信号。

③故障报警功能。

可燃气体报警控制器设有故障总指示灯，当有故障信号存在时，该故障总指示灯点亮。

可燃气体报警控制器能够产生故障信号的情况包括：控制器与可燃气体探测器及其他报警触发器件间连接线的断路、短路（短路时发出可燃气体报警信号除外）和影响可燃气体报警功能的接地；与控制器连接的可燃气体探测器中的采用插拔方式连接的气敏元件脱落；备用电源与其充电器之间连接线的断路、短路；主电源欠压。

可燃气体报警控制器在产生故障信号时，能够在 100 s 内发出与可燃气体报警信号有明显区别的声、光报警信号，并指示出故障部位及故障类型，其中报警声信号可以手动消除直至再有故障信号输入，报警光信号保持至故障排除。

④自检功能。

可燃气体报警控制器能够检查本机的可燃气体报警功能，能够自动或手动启动自检功能，且在自检过程中受其控制的外接设备和输出接点均不动作，但不影响非自检部位和控制器本身的可燃气体报警功能。

⑤电源功能。

可燃气体报警控制器的电源部分具有主电源和备用电源转换装置。当主电源断电时，能自动转换到备用电源；主电源恢复时，能自动转换到主电源；且有主、备电源工作状态指示，主、备电源均有过流保护措施。主、备电源的转换能够保证不使控制器产生误动作。

3.1.3 火灾警报装置

在火灾自动报警系统中，火灾时能够发出区别于环境声、光或语音的火灾警报信号，以警示火情，使人们采取安全疏散、灭火救灾措施的装置称为火灾警报装置。

火灾警报装置按用途可分为火灾声警报器(警铃)、火灾光警报器(火灾指示灯)、火灾声光警报器和气体释放警报器。

火灾警报装置按使用场所可分为室内型和室外型，其中室内型包括住宅内使用和非住宅内使用两种。

1. 火灾声警报器

火灾声警报器，一般指消防警铃。当火灾发生时，可接收火灾报警控制器发出的控制信号启动火灾声警报电路，发出声警报信号(图3-9)。

按使用电压的不同，可分为 DC24 V 和 AC220 V 两种。

室外型和非住宅内使用室内型火灾声警报器的声信号至少在一个方向上 3 m 处的声压级应不小于 75 dB，且在任意方向上 3 m 处的声压级不大于 120 dB。

住宅内使用室内型火灾声警报器的声信号从开始发出至达到稳定采用从低到高变化的方式运行，且从开始发出至达到稳定的时间应为 3~5 s。开始发出的声信号在任意方向上 3 m 处的最大声压级不大于 45 dB，达到稳定后的声信号与室外型火灾声警报器的声信号声压级要求一致。

采用变调的火灾声警报器的变调周期为 0.2~0.5 s。

火灾声警报器的语音警报功能采用 1 个周期警报音—2 个周期语音—1 个周期警报音或 1 个周期警报音—1 个周期语音—1 个周期警报音的反复循环警报方式。

2. 火灾光警报器

火灾光警报器，也称火灾指示灯。当火灾发生时，可接收火灾报警控制器发出的控制信号启动火灾光警报电路，发出闪烁的光警报信号(图3-10)。

火灾光警报器的闪光频率为 1~2 Hz，其光警报信号在 100~500 lx 环境光线下，25 m 处应清晰可见。

图 3-9　消防警铃

图 3-10　光警报器

3. 火灾声光警报器

火灾声光警报器复合了火灾声警报器和火灾光警报器二者的功能。当火灾发生时，它可以发出声、光两种警报信号，适用于多种环境，并同时满足声、光警报器的功能要求。现市场上应用最多的警报器即声光警报器(图 3-11)。

4. 气体释放警报器

气体释放警报器是气体灭火系统中的指示设备。主要用于有气体灭火设备的场所，与气体灭火控制器配合使用。当气体开始喷洒时，系统通过预定的逻辑关系启动该设备，使其发出闪烁光信号以引起人们注意，防止人员误入放气区域。

气体释放警报器具有红色发光的文字标识，背景为白色，文字高度不小于 100 mm(图 3-12)。

气体释放警报器的闪亮频率为 1~2 Hz，点亮与非点亮时间比不小于 3∶2。

图 3-11　声光警报器

图 3-12　气体释放警报器文字标识

3.1.4　联动控制装置

消防联动控制系统是火灾自动报警系统中的一个重要组成部分，是接收火灾报警控制器发出的火灾报警信号，按预设逻辑完成各项消防设备联动的控制装置。通常由消防联动控制器、模块、气体灭火控制器、消防电气控制装置、消防应急广播设备、消防电话、传输设备、消防控制室图形显示装置、消防电动装置等设备组成。

1. 消防联动控制器

在火灾自动报警系统中，当接收到来自火灾报警控制器的火灾报警信号时，能自动或手动启动相关消防设备并显示其状态的设备，称为消防联动控制器。其功能如下所述。

（1）控制功能

消防联动控制器能接收来自相关火灾报警控制器或连接的消火栓按钮、水流指示器、报警阀、气体灭火系统启动按钮等触发器件的报警（动作）信号，显示报警区域或触发器件所在的部位，发出报警（动作）声、光信号，声信号应能手动消除，光信号应保持至消防联动控制器复位。

在接收到火灾报警信号后，消防联动控制器能在 3 s 内发出启动信号，并在发出启动信号后，指示启动设备名称和部位，记录启动时间和启动设备总数。消防联动控制器应在受控设备动作后 10 s 内收到反馈信号，并有反馈光指示，指示设备名称和部位，显示相应设备状态，光指示保持至受控设备恢复。

消防联动控制器复位后，20 s 内仍保持原工作状态受控设备的相关信息可重新建立。

（2）故障报警功能

消防联动控制器设有独立的故障总指示灯，在有故障存在时点亮。

当发生下列故障时，消防联动控制器应在 100 s 内发出与火灾报警信号有明显区别的故障声、光信号，并指示出故障部位和故障类型，故障声信号能手动消除，再有故障信号输入时，能再启动；故障光信号保持至故障排除。

①消防联动控制器与火灾报警控制器之间的连接线断路、短路和影响功能的接地。

②消防联动控制器与触发器件之间的连接线断路、短路和影响功能的接地（短路时发出报警信号除外）。

③消防联动控制器与独立使用的直接手动控制单元之间的连接线断路、短路和影响功能的接地。

④总线式消防联动控制器与输出/输入模块间连接线断路、短路和影响功能的接地。

⑤给备用电源充电的充电器与备用电源间连接线的断路、短路。

⑥备用电源与其负载间连接线的断路、短路。

⑦消防联动控制器主电源欠压。

当主电源断电、备用电源不能保证消防联动控制器正常工作时，消防联动控制器应发出故障声信号，并保持 1 h 以上。在故障排除后，消防联动控制器可以自动或手动复位。手动复位后，控制器应在 100 s 内重新显示存在的故障。

（3）自检功能

消防联动控制器能自动或手动检查本机的功能，在执行自检功能期间，其受控设备均不应发出动作。自检时间超过 1 min 或不能自动停止自检功能时，消防联动控制器的自检功能应不影响非自检部位的正常工作。

（4）电源功能

消防联动控制器的电源部分应具有主电源和备用电源转换装置。当主电源断电时，能自动转换到备用电源；当主电源恢复时，能自动转换到主电源；主、备电源的工作状态应有指示，主电源应有过流保护措施。主、备电源的转换不应使消防联动控制器产生误动作。

2. 消防控制装置

在消防联动控制系统中，现场需要联动控制的消防设备种类繁多，从功能上大致可分为三大类：第一类是灭火系统，包括各种介质如液体、气体、干粉的喷洒装置，用于直接扑灭火灾；第二类是灭火辅助系统，用于限制火势发展、防止灾害扩大的各种设备；第三类是信号指示系统，用于报警并通过声、光信号来指挥现场人员的各种设备。

对于上述各类现场设备，消防联动控制系统中的消防控制装置包括：室内消火栓系统控制装置，自动喷水灭火系统控制装置，卤代烷、二氧化碳气体灭火系统控制装置、泡沫、干粉灭火系统控制装置，电动防火门、防火卷帘等防火分隔设备控制装置，通风、空调、防烟、排烟设备及电动防火阀控制装置，电梯控制装置，电源控制装置，火灾事故广播系统控制装置，消防通信系统控制装置，应急照明及疏散指示控制装置等。

消防控制装置具有手动和自动两种控制方式，并能接收来自消防联动控制器的联动控制信号，在自动工作状态下，执行预定的动作，控制受控设备进入预定的工作状态，并能接收受控设备的工作状态信息，在 3 s 内将信息传送给消防联动控制器。

3.1.5　消防电源

消防电源是指为消防设备供电的电源，且能在紧急情况下保证消防设备的运转，分为主电源和备用电源。一般主电源采用单独回路的市电供电，备用电源可采用柴油发电机组、UPS 蓄电池、消防设备应急电源等。

3.2　火灾自动报警系统结构形式

3.2.1　区域报警系统

区域报警系统的最小组成包括火灾探测器、手动火灾报警按钮、火灾声光警报器及火灾报警控制器等，除此之外，系统可根据需要增加消防控制室图形显示装置或指示楼层的区域显示器。区域报警系统结构示意图如图 3-13 所示。

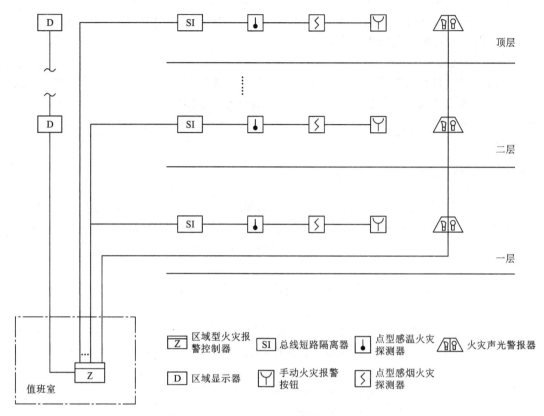

图 3-13　区域报警系统结构示意图

　　区域报警系统应用于仅需要报警、不需要联动自动消防设备的保护对象，不具有消防联动功能。在区域报警系统里，可以根据需要不设置消防控制室，若有消防控制室，火灾报警控制器和消防控制室图形显示装置应设置在消防控制室内；若没有消防控制室，则应设置在平时有专人值班的房间或场所内。系统设置的消防控制室图形显示装置应具有传输火灾报警信息、消防设备运行状态信息和消防安全管理信息的功能。系统未设置消防控制室图形显示装置时，应设置火警传输设备。系统应具有将相关运行状态信息传输到城市消防远程监控中心的功能。

　　确认火灾后，系统中火灾警报器由火灾报警控制器的火警继电器直接启动。区域报警系统的设备总数和地址总数均不宜超过 3200 点。

3.2.2　集中报警系统

　　集中报警系统由火灾探测器、手动火灾报警按钮、火灾声光警报器、消防应急广播、消防专用电话、消防控制室图形显示装置、火灾报警控制器、消防联动控制器等组成。

　　集中报警系统应用于不仅需要报警同时需要联动自动消防设备，且只设置一台具有集中控制功能的火灾报警控制器和消防联动控制器的保护对象。系统中的火灾报警控制器、消防联动控制器和消防控制室图形显示装置、消防应急广播的控制装置、消防专用电话总机等起集中控制作用的消防设备，应设置在消防控制室内。系统设置的消防控制室图形显示装置应具有传输火灾报警信息、消防设施运行状态信息和消防安全管理信息的功能。

图 3-14 为集中报警控制系统示意图。

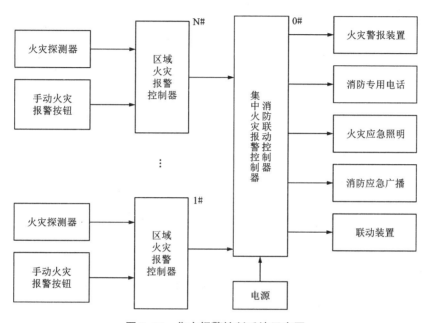

图 3-14　集中报警控制系统示意图

区域火灾报警控制器与区域报警系统不同，前者是火灾报警控制器，具有联动控制的功能；后者是火灾自动报警系统的一种系统类别。集中火灾报警控制器可以向区域火灾报警控制器发出控制指令；而区域火灾报警控制器只能将信息传送给集中报警控制器及接收、处理集中报警控制器的相关指令，不能向集中报警控制器发出控制指令。

3.2.3　控制中心报警系统

控制中心报警系统由火灾探测器、手动火灾报警按钮、火灾声光警报器、消防应急广播、消防专用电话、消防控制室图形显示装置、火灾报警控制器、消防联动控制器等组成，且系统有两个及以上的消防控制室。

控制中心报警系统的主消防控制室应能显示所有火灾报警信息和联动控制状态信号，并应能控制重要的消防设备；各分消防控制室内消防设备之间相互传输、显示状态信息，但不应相互控制。系统设置的消防控制室图形显示装置应具有传输火灾报警信息、消防设施运行状态信息和消防安全管理信息的功能。

图 3-15 为控制中心报警系统示意图。

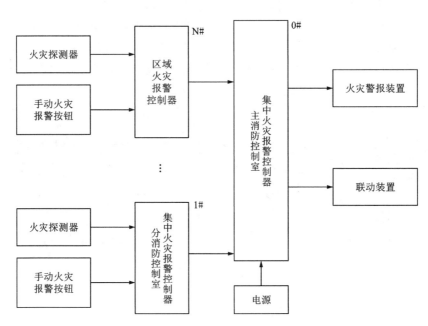

图 3-15　控制中心报警系统示意图

重要的消防设备一般指共用的消防设备，当设置两个及两个以上消防控制室时，对于共用的消防设备，如多栋建筑物共用的消防水泵设备，应由主消防控制室控制，特殊情况（如线路太长）可由最近的分消防控制室控制。对于仅供建筑物单体使用的消防设备，如消防风机设备，应由该建筑内的消防控制室控制。

3.3　火灾自动报警系统通信形式

火灾自动报警系统从系统设备的构成上可概括为三个层面：第一个层面是分布于整个建筑的火灾报警触发器件、火灾警报装置等现场设备，如各类火灾探测器、手动报警按钮、声光警报器及各类模块等；第二个层面是设置在消防控制中心或值班室的火灾报警控制装置，如火灾报警控制器、消防联动控制器；第三个层面是火灾报警系统的监控管理系统，如城市消防远程监控系统、消防综合管理平台等。因此，火灾自动报警系统的信息传输也包括这三个方面。

3.3.1　现场设备信息传输

火灾自动报警系统现场设备主要包括火灾探测器、手动火灾报警按钮、声光报警器、输入输出模块及消火栓报警按钮等设备。所有的现场设备通过信息传输线路与火灾报警控制器、消防联动控制器进行信息传输，现场火灾探测器、手动报警按钮等设备将现场火灾状态参数通过信号线传输给火灾报警控制器，由火灾报警控制器进行信息处理，并由消防联动控制器发出联动信息，进行火灾报警及控制。

现场设备的信息传输主要是指现场设备与控制层设备之间的信息传输，包括报警信息和联动控制信息等。在火灾自动报警系统中，现场设备信息传输的通信形式主要用系统线制来表示。系统线制是指现场设备与控制层设备之间的信息传输线的类型，可分为总线制和多线制两种。多线制如 $2n$ 制、$n+1$ 制、$n+4$ 制（n 为现场设备数量）等，总线制如四总线、二总线等。

1. 多线制系统

多线制系统信息传输形式一般为开关量形式，火灾报警控制器向连接的现场部件提供电源和传输信号，火灾探测器探测到火灾信号后输出开关量信息报警。在探测报警中，每个探测器需要两条或更多的导线与控制器相连接，连接到控制器的总线数为 $M=KN+C$，其中：K 为每个探测器独立连接的线数；N 为该控制器连接的探测器个数；C 为控制器连接到探测器的共用线数。在联动控制中，多线制就是直接控制，信号由报警主机手动或联动输出，直接提供到设备，用于重点设备的控制。多线制系统功能简单，优点是可靠性高、稳定性好，缺点是当现场设备较多时，系统线数多，施工复杂，线路故障多，成本高。多线制系统已逐渐被淘汰。

（1）$2n$ 制和 $n+1$ 制

$2n$ 制和 $n+1$ 制是早期使用的探测器与报警控制器的连接方式。所谓 $2n$ 制，就是每个探测器用两根导线构成独立回路连接到火灾报警控制器。而 $n+1$ 制，则设立一根公共的导线，每增加一个火灾探测器（或若干个火灾探测报警装置组成一组）就再增加一根导线构成一个回路，与火灾报警控制器相连，每个回路代表一个探测地址点。这种连接方式的特点是传输可靠、线路简单，但线量太多。

（2）$n+4$ 多线制

$n+4$ 多线制中的"4"为公共线，分别为电源线（V，±24 V）、地线（G）、信号线（S）和自检线（T）。此外，每个探测器设有一根选通线（ST）。只有当某根选通线处于有效电平时，在信号线上传递的信号才是该探测部位的状态信息。这种连接方式的优点是探测器的电路较为简单，观察信息较为直观，容易判断火情的具体位置；缺点是导线数量较多，配管的管径较粗，穿线施工困难，线路故障多。因此，这种线制和连接方式已基本不再使用。

2. 总线制系统

随着微型计算机的发展及厚膜集成电路的出现，多种功能的信号传输可以集成在少数的几根总线上，如四总线或二总线等。总线制采用编码选址技术，每个探测器具有独立的地址信息，报警控制器采用串行通信方式访问每一个探测器，火灾探测报警设备直接或间接接入火灾报警控制器总线回路中，通过电子编码、手拨码或自寻址方式确定地址。火灾探测报警设备一般分为编码型和非编码型。编码型自带地址编号，火灾报警主机可以识别，可直接接入火灾报警控制器信号总线；非编码型不带地址编号，接入火灾自动报警系统需配接相应的输入模块。总线控制就是模块控制，设备动作所需要的 24 V 电源信号或开关量信号均由总线模块提供，通常用于不太重要的设备联动；优点是布线施工方便、成本较低，缺点是可靠性不如多线制。总线制系统用线量少，设计施工方便，是目前广泛应用的方式。

（1）四总线制

四总线制连接方式的四根总线分别为：P 线，传输探测器的电源、编码和选址信号；T 线，用于传输自检信号，以便判断探测部位或传输信号线路是否有障碍；S 线，向控制设备提供探测部位的信息；G 线，为公共地线。P、T、S、G 四根线均采用并联方式连接。由于总线制采用编码选址技术，使控制设备能够准确地判断火情发生的具体部位，简化了安装调试过程，提高了系统可靠程度。但其缺点是一旦总线回路出现故障，整个回路就会失效而无法正常工作，甚至有可能损坏部分探测器或控制设备。因此，为保证整个系统的正常运行，避免事故发生，减小最大损失，必须在系统中采取短路隔离措施，如分段加装短路隔离器。

（2）二总线制

相比于四总线制，二总线制采用两根数据总线，技术更为复杂。在二总线制中 P 线有供电、选址、自检、获取信息等多种功能，G 线为公共地线。这种线制和连接方式应用广泛，消防总线多是采用二总线制。

二总线的通信采用一种根据多种编码解码方式的特点而自定义的通信协议。对于二总线制的消防报警系统，火灾报警控制器或消防联动控制器向连接到总线上的部件提供电源和传输信号。由于总线上连接的设备比较多，总线距离较长（一般不超过 1500 m），不便采用电压传输，因此在报警总线信号传输的设计上，一般采用电流传输和脉宽相结合的方式，具有很强的驱动能力和抗干扰能力。编码是采用发送帧和回答帧合并的方式，在一帧数据中，有起始段、命令段、地址段、停止段、中断请求段、回送数据段。这种通信协议在火灾报警系统中广泛应用，且每家厂商对协议的具体定义也不相同，往往造成各个公司的产品互不兼容。

3.3.2 控制层信息传输

规模较大的建筑，其消防报警系统一般需要多台火灾报警控制器、消防联动控制器等设备，各控制器设备各自担负现场设备的报警监控功能，同时各控制器之间也通过网络进行信息传输。采用不同的总线技术进行通信，可以构成不同的设备网络形式。

1. CAN 总线

CAN（controller area network）即控制器局域网，是国际上应用最广泛的现场总线之一。它是一种多主总线，即每个节点机均可成为主机，且节点机之间也可进行通信。通信介质可以是双绞线、同轴电缆或光导纤维。

CAN 总线信号传输特点：通信接口中集成了 CAN 协议的物理层和数据链路层功能，可完成对通信数据的成帧处理，包括位填充、数据块编码、循环冗余检验、优先级判别等项工作。

2. RS-485 总线

相较于 CAN 总线的多主结构，RS-485 总线结构只能构成主从式结构系统，通信方式只能以主站轮询的方式进行，系统的实时性、可靠性较差。

RS-485 总线采用平衡发送和差分接收，因此具有抑制共模干扰的能力。总线收发器具有高灵敏度，能检测低至 200 mV 的电压，传输可达上千米。RS-485 采用半双工工作方式，任何时候只能有一点处于发送状态，因此发送电路须由使能信号加以控制。应用 RS-485 可以联网构成分布式系统，其允许最多并联 32 台驱动器和 32 台接收器。

3. ARCNET 总线

ARCNET 总线是一种广泛采用的局域网技术，可使用双绞线和光纤连接。它采用令牌总线(token-bus)方案来管理 LAN 上工作站和其他设备之间的共享线路，其中 LAN 服务器总是在一条总线上连续循环发送一个空信息帧。当有设备要发送报文时，它就在空帧中插入一个"令牌"以及相应的报文。目标设备或 LAN 服务器接收到该报文后，就将"令牌"重新设置为 0，以便该帧可被其他设备重复使用。这种方案可以在网络负荷大的时候，为网络中的各个设备提供平等使用网络资源的机会，十分有效。

3.3.3　管理层信息传输

管理层设备主要包括消防控制室的消防控制图文工作站、机电中心的机电设备管理工作站以及城市消防远程监控系统等。

消防控制图文工作站作为系统的消防控制中心管理工作站，可直接并入控制器环网或在控制器环网上指定一台控制器，通过 RS-485 或 RS-232 总线与其相连，实现网络报警的监控。

机电中心的管理工作站可以通过以太网接口与消防控制图文工作站构成局域网，共享消防监控的管理信息。也可以通过 RS-485 或 RS-232 接口直接接收消防控制图文管理工作站或火灾报警控制器的火警、故障等信息，实现建筑物的智能化管理。

另外，火灾自动报警系统预留信息传输设备，通过有线或无线的方式接入远程监控管理系统，如城市消防远程监控系统等，可实时监控各区域的火灾自动报警系统。

3.4　火灾自动报警系统总体设计

3.4.1　系统设计

1. 一般要求

①任一台火灾报警控制器所连接的火灾探测器、手动火灾报警按钮和模块等设备总数

和地址总数,均不应超过3200点,其中每一总线回路连接设备的总数不宜超过200点,且应留有不少于额定容量10%的余量;任一台消防联动控制器地址总数或火灾报警控制器(联动型)所控制的各类模块总数不应超过1600点,每一联动总线回路连接设备的总数不宜超过100点,且应留有不少于额定容量10%的余量。

②系统总线上应设置总线短路隔离器,每只总线短路隔离器保护的火灾探测器、手动火灾报警按钮和模块等消防设备的总数不应超过32点;总线穿越防火分区时,应在穿越处设置总线短路隔离器。

③在高度超过100 m的建筑中,除消防控制室内设置的控制器外,每台控制器直接控制的火灾探测器、手动报警按钮和模块等设备不应跨越避难层。

④水泵控制柜、风机控制柜等消防电气控制装置不应采用变频启动方式。

⑤地铁列车上设置的火灾自动报警系统,应能通过无线网络等方式将列车上发生火灾的部位信息传输给消防控制室。

2. 选择系统形式

①仅需要报警、不需要联动自动消防设备的保护对象宜采用区域报警系统。

②不仅需要报警,同时需要联动自动消防设备,且只设置一台具有集中控制功能的火灾报警控制器和消防联动控制器的保护对象,应采用集中报警系统,并应设置一个消防控制室。

③设置两个及以上消防控制室的保护对象,或已设置两个及以上集中报警系统的保护对象,应采用控制中心报警系统。

3. 区域划分

(1)报警区域划分

报警区域的划分主要是为了迅速确定报警及火灾发生部位,并解决消防系统的联动设计问题。发生火灾时,涉及发生火灾的防火分区及相邻防火分区的消防设备的联动启动,这些设备需要协调工作,因此需要划分报警区域。

①报警区域应根据防火分区或楼层划分,即可将一个防火分区或一个楼层划分为一个报警区域,也可将发生火灾时需要同时联动消防设备的相邻几个防火分区或楼层划分为一个报警区域。

②电缆隧道的一个报警区域宜由一个封闭长度区间组成,一个报警区域不应超过相连的3个封闭长度区间;道路隧道的报警区域应根据排烟系统或灭火系统的联动需求确定,且不宜超过150 m。

③甲、乙、丙类液体储罐区的报警区域应由一个储罐区组成,每个50000 m³及以上的外浮顶储罐应单独划分为一个报警区域。

④列车的报警区域应按车厢划分,每节车厢应划分为一个报警区域。

(2)探测区域划分

为了迅速而准确地探测出被保护区内发生火灾的部位,需将被保护区按顺序划分成若干个探测区域。

①探测区域应按独立房(套)间划分。一个探测区域的面积不宜超过500 m^2。另外，从主要入口能看清其内部，且面积不超过1000 m^2 的房间，也可划为一个探测区域。

②红外光束感烟火灾探测器和缆式线型感温火灾探测器的探测区域的长度，不宜超过100 m；空气管差温火灾探测器的探测区域长度宜为20~100 m。

③应单独划分探测区域的场所：敞开或封闭楼梯间、防烟楼梯间；防烟楼梯间前室、消防电梯前室、消防电梯与防烟楼梯间合用的前室、走道、坡道；电气管道井、通信管道井、电缆隧道；建筑物闷顶、夹层。

3.4.2　系统设备

1. 火灾报警控制器和消防联动控制器的设置

①火灾报警控制器和消防联动控制器，应设置在消防控制室内或有人值班的房间和场所中。

②火灾报警控制器和消防联动控制器安装在墙上时，其主显示屏高度宜为1.5~1.8 m，其靠近门轴的侧面距墙不应小于0.5 m，正面操作距离不应小于1.2 m。

③集中报警系统和控制中心报警系统中的区域火灾报警控制器在满足以下条件时，可设置在无人值班的场所：本区域内无须手动控制的消防联动设备；本火灾报警控制器的所有信息在集中火灾报警控制器上均有显示，且能接收起集中控制功能的火灾报警控制器的联动控制信号，并自动启动相应的消防设备；设置的场所只有值班人员可以进入。

2. 手动火灾报警按钮的设置

①每个防火分区应至少设置一只手动火灾报警按钮。从一个防火分区内的任何位置到最邻近的手动火灾报警按钮的步行距离不应大于30 m。手动火灾报警按钮宜设置在疏散通道或出入口处。列车上设置的手动火灾报警按钮，应设置在每节车厢的出入口和中间部位。

②手动火灾报警按钮应设置在明显和便于操作的部位。采用壁挂方式安装时，其底边距地高度宜为1.3~1.5 m，且应有明显的标识。

3. 区域显示器的设置

①每个报警区域宜设置一台区域显示器(火灾显示盘)；宾馆、饭店等场所应在每个报警区域设置一台区域显示器。当一个报警区域包括多个楼层时，宜在每个楼层设置一台仅显示本楼层的区域显示器。

②区域显示器应设置在出入口等明显和便于操作的部位。采用壁挂方式安装时，其底边距地高度宜为1.3~1.5 m。

4. 火灾警报器的设置

①火灾光警报器应设置在每个楼层的楼梯口、消防电梯前室、建筑内部拐角等处的明

显部位,且不宜与安全出口指示标志灯具设置在同一面墙上。

②火灾声警报器的设置应满足人员及时接受火警信号的要求,每个报警区域内的火灾警报器的声压级应高于背景噪声 15 dB,且不应低于 60 dB。

③当火灾警报器采用壁挂方式安装时,其底边距地面高度应大于 2.2 m。

5. 消防应急广播(扬声器)的设置

①民用建筑物内扬声器应设置在走道和大厅等公共场所。每一个扬声器的额定功率不应小于 3 W,其数量应能保证从一个防火分区内的任何部位到最近一个扬声器的直线距离不大于 25 m,走道末端距最近的扬声器距离不应大于 12.5 m。

②在环境噪声大于 60 dB 的场所设置的扬声器,在其播放范围内最远点的播放声压级应高于背景噪声 15 dB。

③客房设置专用扬声器时,其功率不宜小于 1 W。

④壁挂扬声器的底边距地面高度应大于 2.2 m。

6. 消防专用电话的设置

①消防专用电话网络应为独立的消防通信系统。

②消防控制室内应设置消防专用电话总机和可直接报火警的外线电话。

③多线制消防专用电话系统中的每个电话分机应与总机单独连接。

④消防水泵房、发电机房、配变电室、计算机网络机房、主要通风和空调机房、防排烟机房、灭火控制系统操作装置处或控制室、企业消防站、消防值班室、总调度室、消防电梯机房及其他与消防联动控制有关的且经常有人值班的机房应设置消防专用电话分机。消防专用电话分机应固定安装在明显且便于使用的部位,并应有区别于普通电话的标识。

⑤设有手动火灾报警按钮或消火栓按钮等处,宜设置电话插孔,并宜选择带有电话插孔的手动火灾报警按钮。

⑥各避难层应每隔 20 m 设置一个消防专用电话分机或电话插孔。

⑦电话插孔在墙上安装时,其底边距地面高度宜为 1.3~1.5 m。

7. 模块的设置

①每个报警区域内的模块宜相对集中设置在本报警区域内的金属模块箱中。

②联动控制模块严禁设置在配电柜(箱)内。

③本报警区域内的模块不应控制其他报警区域的设备。

④未集中设置的模块附近应有尺寸不小于 100 mm×100 mm 的标识。

8. 防火门监控器的设置

①防火门监控器应设置在消防控制室内或有人值班的场所。

②电动开门器的手动控制按钮应设置在防火门内侧墙面上,距门不宜超过 0.5 m,底边距地面高度宜为 0.9~1.3 m。

思考题

1. 火灾自动报警系统的报警过程和工作原理是怎样的?
2. 火灾自动报警系统的应用形式有哪些? 它们有什么特点?
3. 火灾报警控制器的作用是什么?
4. 如何构造最简单的火灾自动报警系统?

第4章

火灾自动探测技术

4.1 火灾探测原理

4.1.1 火灾探测器的基本功能

火灾探测器是以物质燃烧过程产生的现象为依据,对探测区域内某一点或某一连续线路周围的火灾参数(表示火灾特性的物理量或化学量)敏感响应的触发装置,是智能防火系统的重要组成部分。在智能防火系统中,火灾探测器是系统的"感觉器官",随时监测周围环境的火灾情况。火灾探测器的工作实质是将火灾中出现的质量流(可燃气体、燃烧气体、烟颗粒、气溶胶)和能量流(火焰光、燃烧音)等物理现象的特征信号,利用传感元件进行响应,并将其转换为另一种易于处理的物理量。

火灾发生时,安装在保护区域现场的火灾探测器将火灾产生的烟雾、热量和光辐射等火灾特征参数转换为电信号,经数据处理后,将火灾特征参数信息传输至火灾报警控制器;或直接由火灾探测器做出火灾报警判断,将报警信息传输到火灾报警控制器。火灾报警控制器在接收到探测器的火灾特征参数信息或报警信息后,经报警确认判断,显示报警探测器的部位,并记录探测器火灾报警的时间。处于火灾现场的人员,在发现火灾后可立即触动安装在现场的手动火灾报警按钮,手动火灾报警按钮便将报警信息传输到火灾报警控制器,火灾报警控制器在接收到手动火灾报警按钮的报警信息后,经报警确认判断,显示动作的手动报警按钮的部位,并记录手动火灾报警按钮报警的时间。火灾报警控制器在确认火灾探测器和手动火灾报警按钮的报警信息后,驱动安装在被保护区域现场的火灾警报装置,发出火灾警报,向处于被保护区域的人员警示火灾的发生。

火灾探测报警系统的工作原理如图4-1所示。

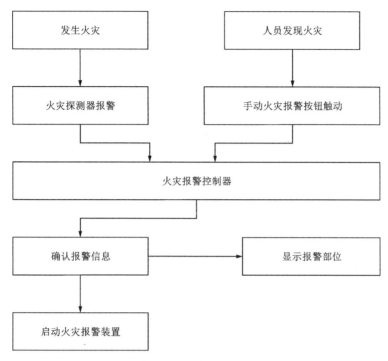

图 4-1　火灾探测报警系统的工作原理图

4.1.2　火灾探测方法

火灾信息探测以物质燃烧过程中产生的各种火灾现象为依据,以实现早期发现火灾为前提。分析普通可燃物的火灾特点,以物质燃烧过程中发生的能量转换和物质转换为基础,可形成不同的火灾探测方法,如图 4-2 所示。

1. 空气离化探测法

空气离化探测法是利用放射性同位素(一般选择镅-241)释放的 α 射线将空气电离产生正、负离子,使得带电腔室(称为电离室)内空气具有一定的导电性,在电场作用下形成离子电流;当烟雾气溶胶进入电离室内时,比表面积较大的烟雾粒子将吸附其中的带电离子,产生离子电流变化。这种离子电流变化与烟雾浓度有直接线性关系,并可用电子线路加以检测,从而获得与烟雾浓度有直接关系的电信号,用于火灾确认和报警。

采用空气离化探测法实现的感烟探测一般称作离子感烟探测,对于火灾初起和阴燃阶段的烟雾气溶胶检测非常灵敏有效,可测烟雾粒径范围为 $0.03 \sim 10 \ \mu m$。这类火灾探测器是核技术应用产物,在正常使用和良好维护条件下,一般寿命为 $10 \sim 15$ 年。从环境保护角度考虑,这类火灾探测器报废后需集中由专业机构或部门处理放射源。

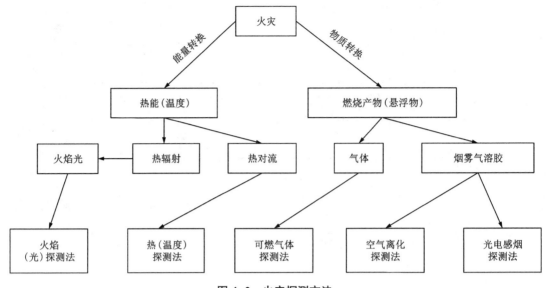

图 4-2　火灾探测方法

2. 光电感烟探测法

光电感烟探测法是根据火灾所产生的烟雾粒子对光线的阻挡或散射作用来实现感烟式火灾探测的方法。根据烟雾粒子对光线的作用原理，光电感烟探测法分为减光式和散射光式两类。减光式光电感烟探测法是根据烟雾粒子对光线（一般采用红外光）的阻挡作用所造成的光通量的减少来实现烟雾浓度的有效探测的，一般是构成发光与收光部分分离的对射式线状火灾探测。散射光式感烟探测法是根据光散射定律，在点状结构的通气暗箱内用发光元件产生一定波长的红外探测光，当烟雾气溶胶进入检测暗箱时，其中粒径大于探测光波长的着色烟雾粒子产生散射光，通过与发光元件形成一定夹角（一般在 90° ~ 135°，夹角越大，灵敏度越高）的光电接收元件收到的散射光强度，可以得到与烟雾浓度成比例的信号电流或电压，用于判定火灾。

光电感烟探测法对于普通可燃物在火灾初起和阴燃阶段所产生的着色烟雾粒子可以有效探测，最小可测烟雾粒径取决于探测光波长。一般来说，考虑到光电元件，尤其是发光元件的有效寿命，光电感烟式火灾探测器均采用间歇式工作方式，以确保这类火灾探测器在正常使用和良好维护条件下寿命能达到 10 年。

3. 热（温度）探测法

热（温度）探测法根据物质燃烧释放出的热量所引起的环境温度变化率的大小，通过热敏元件与电子线路来探测火灾。目前，常用的热敏元件是电子测温元件（热敏电阻），其热滞后性较小，对于普通可燃物，可在火灾发展过程中阴燃阶段的中后期、火焰燃烧阶段和有较大温度变化的火灾危险环境中实现有效的火灾探测。

4. 火焰(光)探测法

火焰(光)探测法根据物质燃烧所产生的火焰光辐射的大小,主要是红外辐射和紫外辐射的大小,通过光敏元件与电子线路来探测火灾。这类探测方法一般采用被动式光辐射探测原理,用于火灾发展过程中火焰发展和明火燃烧阶段,其中紫外式感光原理多用于油品和电气火灾,红外式感光原理多用于普通可燃物和森林火灾。为了区别非火灾形成的光辐射,被动感光式火灾探测通常还要考虑可燃物燃烧时火焰闪烁频率为3~30 Hz。

5. 可燃气体探测法

对于物质燃烧初期产生的烟、气体或易燃易爆场所泄漏的可燃气体,可以利用热催化式元件、气敏半导体元件或三端电化学元件的特性变化来探测易燃可燃气体浓度或成分,预防火灾和爆炸危险。一般来说,这类火灾探测方法在工业环境中应用较多,相应的火灾探测器需采用防爆式结构。随着城市煤气系统的广泛应用,非防爆式家用可燃气体探测器在建筑物中正在不断普及。

应当指出,根据各类物质燃烧时的火灾信息探测要求和上述不同的火灾探测方法,可以构成各种类型的火灾探测器,主要有感烟、感温、感光(火焰探测)和可燃气体这四大类型,有关火灾探测器的分类将在后续章节中介绍。针对普通可燃物和建筑对象,大量使用的火灾探测器是感烟式和感温式火灾探测器,只有在部分配电室、大型展览厅和厨房的可燃气瓶附近,才会少量使用感光式火灾探测器和可燃气体探测器。

4.1.3 火灾探测器分类

火灾探测器是自动报警系统作用的第一步,是它的传感部分,其会根据火灾发生时产生的一些物理和化学现象做出响应,并将其转换为电信号传输到火灾报警控制器并使之做出一系列动作。火灾探测器可按照探测火灾参数的不同分为感烟火灾探测器、感温火灾探测器、感光火灾探测器、可燃气体火灾探测器和复合式火灾探测器等;也可根据结构的不同分为点型和线型两种探测器,其中点型探测器响应某一点周围的火灾参数,而线型火灾探测器是响应某一连续线路周围的火灾参数,在火灾探测器中点型火灾探测器最为常用。

1. 按结构的不同分类

按结构造型可分成点型和线型两大类。

①点型火灾探测器:一种响应某一点周围的火灾参数的火灾探测器,大多数火灾探测器属于点型火灾探测器。

②线型火灾探测器:一种响应某一连续线路周围的火灾参数的火灾探测器,其连续线路可以是"硬"的,也可以是"软"的。如线型定温火灾探测器,是由主导体、热敏绝缘包覆层和合金导体一起构成的"硬"连续线路。又如红外光束线型感烟火灾探测器,是由发射器和接收器二者中间的红外光束构成的"软"连续线路。

2. 按探测火灾特征参数的不同分类

(1)感烟火灾探测器

感烟火灾探测器是一种响应燃烧或热解产生的固体或液体微粒的火灾探测器,是使用量最大的一种火灾探测器。因为它能探测物质燃烧初期所产生的气溶胶或烟雾粒子浓度,因此,有的国家称感烟火灾探测器为"早期发现"探测器。

常见的感烟火灾探测器有离子型、光电型等。

①离子感烟探测器以内、外两个电离室为主构成。外电离室(即检测室)有孔与外界相通,烟雾可以从该孔进入传感器内;内电离室(即补偿室)是密封的,烟雾不会进入。火灾发生时,烟雾粒子窜进外电离室,干扰了带电粒子的正常运行,使电流、电压有所改变,破坏了内、外电离室之间的平衡,探测器就会产生感应而发出报警信号。

②光电感烟探测器内部有一个发光元件和一个光敏元件,平常由发光元件发出的光,通过透镜射到光敏元件上,电路维持正常。如有烟雾从中阻隔,到达光敏元件上的光就会显著减弱,于是光敏元件就把光强的变化转换成电流的变化,通过放大电路发出报警信号。

③吸气式感烟探测器一改传统感烟探测器等待烟雾飘散到探测器被动进行探测的方式,而是采用新的理念,即主动对空气进行采样探测,保护区内的空气样品被吸气式感烟探测器内部的吸气泵吸入采样管道,送到探测器进行分析,如果发现烟雾粒子,立即发出报警。

(2)感温火灾探测器

感温火灾探测器在使用广度方面是仅次于感烟火灾探测器的一种火灾早期报警的探测器,是一种响应异常温度、温升速率和温差变化等参数的火灾探测器。常用的感温火灾探测器是定温火灾探测器、差温火灾探测器和差定温火灾探测器。

定温火灾探测器是在规定时间内火灾引起的温度上升超过某个定值时启动报警的火灾探测器。点型定温火灾探测器利用双金属片、易熔金属、热电偶热敏半导体电阻等元件,在规定的温度值上产生火灾报警信号。差温火灾探测器是在规定时间内,火灾引起的温度上升速率超过某个规定值时启动报警的火灾探测器。点型差温火灾探测器是根据局部的热效应而产生动作的,主要感温器件是空气膜盒、热敏半导体电阻元件等。差定温火灾探测器结合了定温和差温两种作用原理并将两种探测器结构组合在一起,一般多是膜盒式或热敏半导体电阻式等点型组合式火灾探测器。

与感烟火灾探测器和感光火灾探测器比较,感温火灾探测器的可靠性较高,对环境条件的要求更低,但对初期火灾的响应要迟钝些,报警后的火灾损失要大些。它主要适用于因环境条件而使感烟火灾探测器不宜使用的某些场所;并常与感烟火灾探测器联合使用组成与门关系,对火灾报警控制器提供复合报警信号。

(3)感光火灾探测器

感光火灾探测器又称为火焰火灾探测器,它是一种能对物质燃烧火焰的光谱特性、光照强度和火焰的闪烁频率敏感响应的火灾探测器。常用的感光火灾探测器是红外火焰型和紫外火焰型两种。

感光火灾探测器的主要优点是响应速度快，其敏感元件在接收到火焰辐射光后的几毫秒甚至几微秒内发出信号，特别适用于突然起火无烟的易燃易爆场所。它不受环境气流的影响，是唯一能在户外使用的火灾探测器。另外，它还有性能稳定、可靠、探测方位准确等优点，因而得到普遍重视。

(4)可燃气体火灾探测器

可燃气体火灾探测器是一种能对空气中可燃气体含量进行检测并发出报警信号的火灾探测器。它通过测量空气中可燃气体爆炸下限以内的含量，以便当空气中可燃气体含量达到或超过报警设定值时，自动发出报警信号，提醒人们尽早采取安全措施，避免事故发生。可燃气体探测器除具有预报火灾、防火防爆功能外，还可以起监测环境污染的作用。

常用的可燃气体火灾探测器有催化型可燃气体探测器和半导体型可燃气体火灾探测器两种类型。半导体型可燃气体火灾探测器是利用半导体表面电阻变化来测定可燃气体浓度。当可燃气体进入探测器时，半导体的电阻下降，下降值与可燃气体浓度具有对应关系。催化型可燃气体探测器是利用难熔金属铂丝加热后的电阻变化来测定可燃气体浓度。当可燃气体进入探测器时，铂丝表面发生氧化反应(无焰燃烧)，其产生的热量使铂丝的温度升高，铂丝的电阻率便发生变化。

(5)图像型火灾报警器

图像型火灾报警器通过摄像机拍摄的图像与主机内部燃烧模型的比较来探测火灾，主要由摄像机和主机组成，可分为双波段和普通摄像型两种(双波段火灾图像报警系统是将普通彩色摄像机与红外摄像机结合在一起)。

(6)复合式火灾探测器

复合式火灾探测器指响应两种以上火灾参数的火灾探测器，主要有感温感烟火灾探测器、感光感烟火灾探测器、感光感温火灾探测器等。

(7)其他

有探测泄漏电流大小的漏电流感应型火灾探测器、探测静电电位高低的静电感应型火灾探测器，还有在一些特殊场合中使用的，要求探测极其灵敏、动作极为迅速，以至于要求探测爆炸声产生的某些参数的变化(如压力的变化)信号，来抑制、消灭爆炸事故发生的微差压型火灾探测器，以及利用超声原理探测火灾的超声波火灾探测器等。

3. 其他分类

火灾探测器按探测到火灾后的动作可分为延时型和非延时型两种。目前国产的火灾探测器大多为延时型探测器，其延时范围为 3~10 s。

火灾探测器按安装方式可分为外露型和埋入型两种。一般场所采用外露型，在内部装饰讲究的场所采用埋入型。

按使用环境可分为陆用型、船用型、耐寒型、耐酸型、耐碱型和防爆型。

按是否具有复位功能可分为可复位型和不可复位型。

按是否具有可拆卸功能可分为可拆卸型和不可拆卸型。

工程中常用的四大类火灾探测器：感烟火灾探测器、感温火灾探测器、感光火灾探测器、可燃气体火灾探测器。火灾探测器分类如表4-1所示。

表 4-1 火灾探测器分类表

感知参量	类型		名称
感烟火灾探测器	点型		离子感烟火灾探测器、光电感烟火灾探测器、图像型感烟火灾探测器
	线型		吸气式感烟火灾探测器、线型光束感烟火灾探测器
感温火灾探测器	点型	定温火灾探测器	易熔合金定温火灾探测器、热敏电阻定温火灾探测器、双金属水银接点定温火灾探测器、半导体定温火灾探测器、金属膜片定温火灾探测器、热电偶定温火灾探测器、玻璃球膨胀定温火灾探测器
		差温火灾探测器	热敏电阻差温火灾探测器、双金属差温火灾探测器、半导体差温火灾探测器、金属模盒差温火灾探测器
		差定温火灾探测器	金属模盒差定温火灾探测器、热敏电阻差定温火灾探测器、半导体差定温火灾探测器、双金属差定温火灾探测器
	线型	定温火灾探测器	缆式线型火灾探测器、光纤光栅定温火灾探测器、半导体线性定温火灾探测器、分布式光纤线型定温火灾探测器
		差温火灾探测器	空气管式线型差温火灾探测器、热电偶线性差温火灾探测器
		差定温火灾探测器	模盒式差定温火灾探测器、半导体差定温火灾探测器、双金属差定温火灾探测器、热敏电阻差定温火灾探测器
感光火灾探测器	点型		紫外感光火灾探测器、红外感光火灾探测器、图像型火焰探测器、紫外红外复合火焰探测器
可燃气体火灾探测器	点型		光电式气体火灾探测器、半导体气体火灾探测器、接触燃烧式气体火灾探测器、红外气体火灾探测器、固定电解质式气体火灾探测器
复合式火灾探测器	任意火灾参数组合的火灾探测器		

4.1.4 火灾探测器的性能指标

火灾探测器作为火灾监控系统中的火灾现象探测装置,其本身长期处于监测工作状态,因此,火灾探测器的灵敏度、可靠性、稳定性、维修性是衡量火灾探测器产品质量优劣的主要技术指标,也是确保火灾监控系统长期处于最佳工作状态的重要指标。

1. 火灾探测器的灵敏度

火灾探测器的灵敏度通常使用下列几个概念来表示:

①灵敏度指火灾探测器响应某些火灾参数的相对敏感程度。灵敏度有时也指火灾灵

敏度。由于各类火灾探测器的作用原理和结构设计不同,它们对不同火灾的灵敏度差异很大,所以,火灾探测器一般不单纯用某一火灾参数的灵敏度来衡量。

根据国家标准《火灾分类》(GB/T 4968—2008)的规定,A 类火灾是指固体物质火灾,这种物质通常指有机物质,一般在燃烧时能够产生灼热的余烬,如木材、棉、毛、麻、纸张等;B 类火灾是指液体火灾和可熔化的固体物质火灾,如汽油、煤油、柴油、原油、甲醇、乙醇、沥青、石蜡火灾等;C 类火灾是指气体火灾,如煤气、天然气、甲烷、乙烷、丙烷、氢气火灾等。各种不同的火灾探测器对各种类型火灾的灵敏度,大致可以如表 4-2 所示。

表 4-2　各种火灾探测器的灵敏度

火灾探测器类型	A 类火灾	B 类火灾	C 类火灾
定温	低	高	低
差温	中	高	低
差定温	中	高	低
离子感烟	高	高	中
光电感烟	高	低	中
紫外感光	低	高	高
红外感光	低	高	低

②火灾灵敏度级别指火灾探测器响应几种不同的标准试验火时,火灾参数的不同响应范围。主要火灾参数取用烟雾浓度 M 值(以减光率表示)、Y 值(以实测值表示)和温度增量 ΔT。通常,火灾探测器采用规定标准试验火条件下的火灾灵敏度级别来衡量其响应火灾的能力。火灾探测器的火灾灵敏度级别按照火灾参数的不同响应范围,分为以下三级:

Ⅰ级:$M_{\text{I}} \leq 0.5$ dB/m,$Y_{\text{I}} \leq 1.5$,$\Delta T_{\text{I}} \leq 15℃$。

Ⅱ级:$M_{\text{II}} \leq 1.0$ dB/m,$Y_{\text{II}} \leq 3.0$,$\Delta T_{\text{II}} \leq 30℃$。

Ⅲ级:$M_{\text{III}} \leq 2.0$ dB/m,$Y_{\text{III}} \leq 6.0$,$\Delta T_{\text{III}} \leq 60℃$。

③感烟灵敏度指感烟火灾探测器响应烟雾粒子浓度($1/cm^3$)的相对敏感程度,也可称作响应灵敏度。一般在烟雾粒子浓度相同的条件下,高的感烟灵敏度意味着可对较低的烟雾粒子浓度响应。

④感烟灵敏度档次指采用标准烟(或试验气溶胶)在烟箱中标定的感烟探测器几个(一般为 3 个)不同的响应阈值的范围,也可称作响应灵敏度档次。

显然,由于感烟火灾探测器可以探测 70%以上的火灾,因此,火灾探测器的灵敏度指标更多地是针对感烟火灾探测器而规定的。在火灾探测器生产和消防工程中,通常所指的火灾探测器灵敏度,实际是火灾探测器的灵敏度级别。

2. 火灾探测器的可靠性

火灾探测器的可靠性是指在适当的环境条件下，火灾探测器长期不间断运行期间随时能够执行其预定功能的能力。在严酷的环境条件下，使用寿命长的火灾探测器可靠性高。一般感烟火灾探测器使用的电子元器件多，长期不间断运行期间电子元器件的失效率较高，因此，其长期运行的可靠性相对较低，探测器运行期间的维护保养十分重要。

3. 火灾探测器的稳定性

火灾探测器的稳定性是指在一个预定的周期内，以不变的灵敏度重复感受火灾的能力。为了防止稳定性降低，定期检验所有带电子元件的火灾探测器是十分重要的。

4. 火灾探测器的维修性

火灾探测器的维修性是指对可以维修的探测器产品进行修复的难易程度。感烟火灾探测器和电子感温火灾探测器要求定期检查和维修，以确保火灾探测器敏感元件和电子线路处于正常工作状态。

应指出，上述四项火灾探测器的主要技术指标一般不能精确测定，只能给出一般性的估计，所以，通常采用灵敏度级别作为火灾探测器的主要性能指标。对某一具体的火灾探测器来说，其实际性能也将因其设计、制造工艺、控制质量和可靠性措施，以及火灾探测器与火灾监控系统的安装人员的培训和监督情况不同而有所不同。表4-3给出了常用火灾探测器的灵敏度、可靠性、稳定性和维修性的评价指标供参考。

表4-3 常用火灾探测器的主要性能评价

火灾探测器类型	灵敏度	可靠性	稳定性	维修性
定温	低	高	高	高
差温	中	中	高	高
差定温	中	高	高	高
离子感烟	高	中	中	中
光电感烟	中	中	中	中
紫外感光	高	中	中	中
红外感光	中	中	低	中

4.2　感烟火灾探测器

除了易燃易爆物质遇火立即爆炸起火外，一般物质的火灾发展过程通常都要经过初起、发展、熄灭三个阶段。火灾初期的特点为温度低，产生大量烟雾，即物质的阴燃阶段，很少或者没有火焰辐射，在这个阶段，基本上未造成很大的物质损失。感烟火灾探测器就是用于探测火灾初期的烟雾，并自动向火灾报警控制器发出报警信号的一种火灾探测器。感烟火灾探测器是用于探测物质燃烧初期在周围空间所形成的烟雾粒子浓度，并自动向火灾报警控制器发出火灾报警信号的一种火灾探测器。它响应速度快、能尽早发现火情，是使用量最大的一种火灾探测器。

《火灾自动报警系统设计规范》(GB 50116—2013)规定，下列场所宜选择点型感烟火灾探测器：

①饭店、旅馆、教学楼、办公楼的厅堂、卧室、办公室、商场、列车载客车厢等。

②计算机房、通信机房、电影或电视放映室等。

③楼梯、走道、电梯机房、车库等。

④书库、档案库等。

4.2.1　离子感烟探测器

离子感烟探测器是对某一点周围空间烟雾响应的火灾探测器。它是应用烟雾粒子改变电离室电离电流原理的感烟火灾探测器。

根据探测器内电离室的结构形式，又可分为双源式和单源式离子感烟探测器。

1. 电离电流形成原理

感烟电离室是离子感烟探测器的核心传感器件，其电离电流形成示意图如图 4-3 所示。

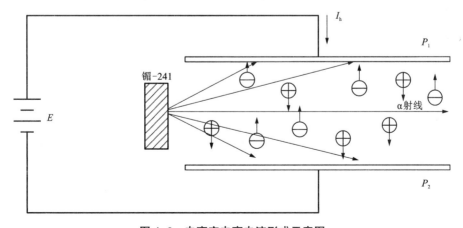

图 4-3　电离室电离电流形成示意图

在图中，P_1 和 P_2 是一相对的电极。在电极之间放有 α 粒子放射源镅-241，由于它持续不断地放射出 α 粒子，α 粒子以高速运动撞击空气分子，从而使极板间的空气分子电离为正离子和负离子(电子)，这样电极之间原来不导电的空气具有了导电性。

如果在极板 P_1 和 P_2 间加上电压 U，极板间原来做杂乱无章运动的正负离子，此时在电场作用下做有规则的运动。正离子向负极运动，负离子向正极运动，从而形成了电离电流 I_n。施加的电压 U 越高，则电离电流越大。当电离电流增加到一定值时，外加电压再增高，电离电流也不会增加，此时电流称为饱和电流 I_s，如图 4-4 所示。

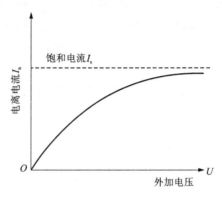

图 4-4　电离电流与电压的关系

离子感烟探测器感烟原理：一方面，当烟雾粒子进入电离室后，被电离部分的正离子与负离子被吸附到烟雾粒子上，使正、负离子相互中和的概率增加，而且离子附着在体积比自身体积大许多倍的烟雾粒子上，会使离子运动速度急剧减少；另一方面，由于烟雾粒子的作用，α 射线被阻挡，电离能力降低，电离室内产生的正负离子数减少。最后导致电离电流减少。显然，烟雾浓度大小可以以电离电流的变化量大小进行表示，从而实现对火灾过程中烟雾浓度这个参数的探测。

2. 双源式离子感烟探测器原理

双源双电离室结构的感烟探测器的每一个电离室都有一块放射源。一室为检测用开室结构电离室；另一室为补偿用闭室结构电离室。这两个电离室反向串联在一起，检测电离室工作在其特性的灵敏区，补偿电离室工作在其特性的饱和区，即流过补偿电离室的电离电流不随其两端电压的变化而变化。

当火灾发生时，烟雾进入检测电离室，电离电流减小，相当于检测电离室阻抗增加，又因双室串联，回路电路减小，故检测室两端的电压增加，当该增量增加到一定值时，开关控制电路动作，发出报警信号。此报警信号传输给报警器，实现火灾自动报警。

3. 单源式离子感烟探测器原理

单源式离子感烟探测器与双源式工作原理基本相同，但结构形式完全不同。它是利用一个放射源在同一平面(也有不在同一平面)形成两个电离室，即单源双室。检测电离室与补偿电离室的比例相差很大，其几何尺寸也大不相同。两个电离室基本是敞开的，气流是互通的，检测电离室直接与大气相通，而补偿电离室则通过检测电离室间接与大气相通。图 4-5 所示为单源双室离子感烟探测器的结构示意图。

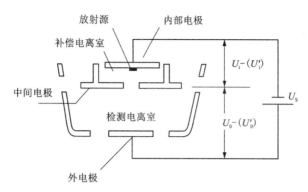

U_s—加在内、外电离室两端的电压；U_i—无烟时加在补偿电离室两端的电压；

U_0'—有烟时加在检测电离室两端的电压。

图 4-5　单源双室离子感烟探测器的结构示意图

双源式离子感烟探测器检测电离室与补偿电离室共用一个放射源，检测电离室包含补偿电离室，补偿电离室小，检测电离室大。检测电离室的 α 射线是通过中间电极中的一个小孔放射出来的。由于这部分 α 射线的作用，检测电离室中的空气部分被电离，形成空间电荷区。因为放射源的活度是一定的，中间电极的小孔面积是一定的，从小孔中放射出的 α 粒子也是一定的，正常情况下，它不受环境影响，所以，电离室的电离平衡是稳定的，可以确定地进行烟雾量的检测。

单源双室电离室与双源双室电离室相比，其优点如下：

①由于两个电离室同处在一个相通的空间，只要两个电离室的比例设计合理，就既能保证早期火灾时烟雾顺利进入检测电离室，迅速报警，又能保证在环境变化时两个电离室同时变化。因此它工作稳定，环境适应能力强，不仅对环境因素(温度、湿度、气压和气流)的慢变化，也对其快变化有更好的适应性，提高了抗潮、抗温性能。

②增强了抗灰尘、抗污染的能力。当灰尘轻微地层积在放射源的有效源面上，导致放射源放射出的 α 粒子的能力和强度明显变化时，会引起工作电流变化，补偿电离室和检测电离室的电流均会变化，从而检测电离室分压的变化不明显。

③一般双源式离子感烟探测器是通过改变电阻的方式实现灵敏度调节的，而单源双室离子感烟探测器是通过改变放射源的位置来改变电离室的空间电荷分布的，即源极和中间的距离连续可调，可以比较方便地改变检测电离室的静态分压，实现灵敏度调节。这种灵敏度调节连续且简单，有利于探测器响应阈值一致性的调整。

④由于单源双室只需一个更弱的 α 射源，比起双源双室的电离室源强可减少一半，且克服了双源双室电离室要求双源相互匹配的缺点。

总之，单源双室离子感烟探测器具有不可比拟的优点，它灵敏度高且连续可调，环境适应能力强，工作稳定，可靠性高，放射源活度小，特别是抗潮、抗温性能大大优于双源双室，在缓慢变化的环境中使用时不会发生误报。

在相对湿度长期偏高、气流速度大、有大量粉尘和水雾滞留、有腐蚀性气体、正常情况下有烟滞留等情况的场所不宜选用离子感烟探测器。

《火灾自动报警系统设计规范》(GB 50116—2013)规定，符合下列条件之一的场所，不宜选择点型离子感烟火灾探测器：

①相对湿度经常大于95%。

②气流速度大于5 m/s。

③有大量粉尘、水雾滞留。

④可能产生腐蚀性气体。

⑤在正常情况下有烟滞留。

⑥产生醇类、醚类、酮类等有机物质。

4.2.2 光电感烟探测器

光电感烟探测器是通过火灾中的烟雾粒子对光线的遮挡、散射、吸收作用以及光电效应而制成的火灾探测器。光电感烟探测器可分为遮光型和散射型。

1. 遮光型光电感烟探测器

遮光型光电感烟探测器具体又可分为点型和线型两种类型。

(1) 点型遮光感烟探测器

点型遮光感烟探测器主要由光束发射器、光电接收器、暗室和电路等组成。其原理示意图如图4-6所示。

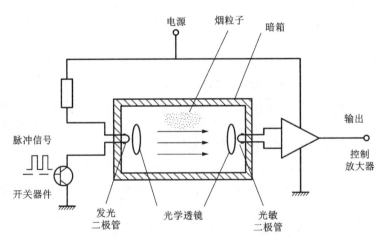

图4-6 点型遮光感烟探测器原理示意图

当火灾发生，有烟雾进入暗室时，烟雾粒子将光源发出的光遮挡(吸收)，到达光敏元件的光能将减弱,其减弱程度与进入暗室的烟雾浓度有关。当烟雾达到一定浓度时,光敏元件接受的光强度下降到预定值,通过光敏元件启动开关电路并经之后电路鉴别确认,探测器立即动作,向火灾报警控制器发送报警信号。

点型遮光感烟探测器的电路原理框图如图 4-7 所示。它通常由稳压电路、脉冲发光电路、发光元件、光敏元件、信号放大电路、开关电路、抗干扰电路及输出电路等组成。

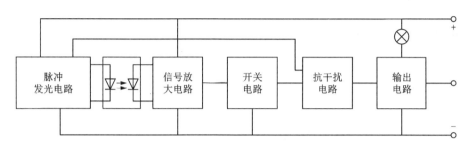

图 4-7　点型遮光感烟探测器的电路原理框图

(2)线型遮光感烟探测器

线型遮光感烟探测器是一种能探测到被保护范围中某一线路周围烟雾的火灾探测器。探测器由光束连接(软连接),其间不能有任何可能遮挡光束的障碍物存在,否则探测器将不能正常工作。常用的有红外光束型、紫外光束型和激光型感烟探测器三种,故而又称线型遮光感烟探测器为光电式分离型感烟探测器。其工作原理如图 4-8 所示。

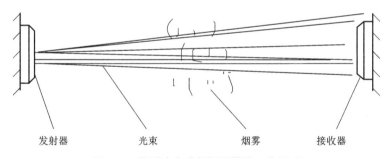

图 4-8　线型遮光感烟探测器的工作原理

在无烟情况下,光束发射器发出的光束射到光接收器上,转换成电信号,经电路鉴别后,报警器不报警。当火灾发生并有烟雾进入被保护空间时,部分光束将被烟雾遮挡(吸收),则光接收器收到的光能将减弱,当减弱到预定值时,通过其电路鉴定,光接收器便向报警器送出报警信号。

在接收器中设置有故障报警电路,以便当光束为飞鸟或人遮住、发射器损坏或丢失、探测器因外因倾斜而不能接收光束等时,故障报警电路要锁住火警信号通道,向报警器送出故障报警信号。接收器一旦发出火警信号便自保持确认灯亮。

感烟火灾探测器的激光是由单一波长组成的光束,这类探测器的光源有多种,由于其方向性强、亮度高、单色性和相干性好等特点,在各领域中都得到了广泛应用。在无烟情况下，脉冲激光束射到光接收器上，转换成电信号，报警器不报警。一旦激光束在发射过程中因烟雾遮挡而减少到一定程度，使光接收器信号显著减弱，报警器便自动发出报警信号。

红外光和紫外光感烟探测器是利用烟雾能吸收或散射红外光束或紫外光束原理制成的感烟探测器，具有技术成熟、性能稳定可靠、探测方位准确、灵敏度高等优点。

线型遮光感烟探测器适用于初始火灾有烟雾形成的高大空间、大范围场所。

2. 散射型光电感烟探测器

散射型光电感烟探测器是应用烟雾粒子对光的散射作用并通过光电效应而制成的一种火灾探测器。它和遮光型光电感烟探测器的主要区别在暗室结构上，电路组成、抗干扰方法等基本相同。由于是利用烟雾对光线的散射作用，因此暗室的结构要求光源 E(红外发光二极管) 发出的红外光线在无烟时，不能直接射到光敏元件 R(光敏二极管)。实现散射型的暗室各有不同，其中一种是在光源与光敏元件之间加入隔板(黑框)，如图 4-9 所示。

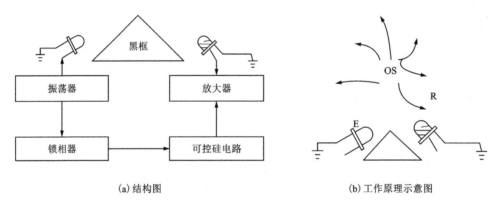

(a) 结构图   (b) 工作原理示意图

图 4-9　散射型光电感烟探测器结构示意图

无烟雾时，红外光无散射作用，也无光线射在光敏二极管上，二极管不导通，无信号输出，探测器不动作。当烟雾粒子进入暗室时，由于烟雾粒子对光的散(乱) 射作用，光敏二极管会接收到一定数量的散射光，接收散射光的数量与烟雾浓度有关，当烟雾浓度达到一定程度时，光敏二极管导通，电路开始工作。由抗干扰电路确认如有两次(或两次以上) 超过规定水平的信号时，探测器动作，向报警器发出报警信号。光源仍由脉冲发光电路驱动，每隔 3~4 s 发光一次，每次发光时间约 100 μs，以提高探测器抗干扰能力。

光电感烟探测器在一定程度上可克服离子感烟探测器的缺点，除了可在建筑物内部使用，更适合电器火灾危险较大的场所。使用中应注意，当附近有过强的红外光源时，可能导致探测器工作不稳定。

在可能产生黑烟、有大量积聚粉尘、可能产生蒸气和油雾、有高频电磁干扰、过强的红外光源等情形的场所不宜选用光电感烟探测器。

《火灾自动报警系统设计规范》(GB 50116—2013) 规定，符合下列条件之一的场所，不宜选择点型光电感烟探测器：

①有大量粉尘、水雾滞留。

②可能产生蒸气和油雾。

③高海拔地区。

④在正常情况下有烟滞留。

无遮挡的大空间或有特殊要求的房间，宜选择线型遮光感烟探测器。

《火灾自动报警系统设计规范》(GB 50116—2013)规定，符合下列条件之一的场所，不宜选择线型光束感烟火灾探测器：

①有大量粉尘、水雾滞留。

②可能产生蒸气和油雾。

③在正常情况下有烟滞留。

④固定探测器的建筑结构因振动等原因而产生较大位移的场所。

4.3 感温火灾探测器

火灾时物质的燃烧产生大量的热量，使周围温度发生变化。感温火灾探测器是对警戒范围中某一点或某一线路周围温度变化时响应的火灾探测器。它将温度的变化转换为电信号以达到报警的目的。

根据监测温度参数的不同，一般用于工业和民用建筑中的感温火灾探测器有定温式、差温式、差定温式等几种。

4.3.1 定温式火灾探测器

定温式火灾探测器是在规定时间内，火灾引起的温度上升超过某个规定值时启动报警的火灾探测器。有点型和线型两种结构形式。线型结构的温度敏感元件呈线状分布，所监视的区域是一条线带，当监测区域中某局部环境温度上升达到规定值时，可熔的绝缘物熔化使感温电缆中两导线短路，或采用特殊的具有负温度系数的绝缘物质制成的可复用感温电缆产生明显的阻值变化，从而产生火灾报警信号。点型结构是利用双金属片、易熔金属、热电偶、热敏半导体电阻等元件，在规定的温度值产生火灾报警信号。

4.3.2 差温式火灾探测器

差温式火灾探测器是在规定时间内，火灾引起的温度上升速率超过某个规定值时启动报警的火灾探测器。它也有线型和点型两种结构。线型结构差温式火灾探测器是根据广泛的热效应而动作的，主要的感温元件有按面积大小蛇形连续布置的空气管、分布式连接的热电偶以及分布式连接的热敏电阻等。点型结构差温式火灾探测器是根据局部的热效应而动作的，主要感温元件有空气膜盒、热敏半导体电阻元件等。消防工程中常用的差温式火灾探测器多是点型结构，差温元件多采用空气膜盒和热敏半导体电阻元件。当火灾发生时，建筑物室内局部温度将以超过常温数倍的异常速率升高，膜盒型差温式火灾探测器就是利用这种异常速率升高来输出火灾报警信号。它的感热外罩与底座形成密闭的气室，只有一个很小的泄露孔能与大气相通。当环境温度缓慢变化时，气室内外的空气可通过泄露孔进行调节，使内外压力保持平衡。如遇火灾发生，环境温升速率很快，气室内空气由于急剧受热膨胀来不及从泄露孔外逸，致使气室内空气压力增高，将波纹片鼓起与中心接线柱相碰接通电触点，从而发出火灾报警信号。这种探测器具有灵敏度高、可靠性好、不受气候变化影响的特性，因而应用十分广泛。

4.3.3 差定温式火灾探测器

差定温式火灾探测器结合了定温式和差温式两种感温作用原理并将两种探测器结构组合在一起。在消防工程中，常见的差定温式火灾探测器是将差温式、定温式两种感温火灾探测器组装结合在一起，兼有两者的功能，若其中某一功能失效，则另一种功能仍然起作用，因此大大提高了火灾监测的可靠性。差定温式火灾探测器一般多是膜盒式或热敏半导体电阻式等点型结构的组合式火灾探测器。差定温式火灾探测器按其工作原理，还可分为机械式和电子式两种。

感温火灾探测器对火灾发生时温度参数的敏感程度，是由组成探测器的核心部件——热敏元件决定的。热敏元件是利用某些物体的物理性质随温度变化而发生变化的敏感材料制成，例如易熔合金或热敏绝缘材料、双金属片、热电偶、热敏电阻、半导体材料等。定温、差定温探头各级灵敏度探头的动作温度分别不大于 1 级 62℃、2 级 70℃、3 级 78℃。

感温火灾探测器适宜安装于起火后产生烟雾较小的场所。平时温度较高的场所不宜安装感温火灾探测器。

《线型感温火灾探测器》(GB 16280—2014)规定，探测器组成及标准报警长度应满足以下要求：

①探测器应由敏感部件和与其相连的信号处理单元等部分组成，敏感部件可分为感温电缆、空气管、感温光纤、光纤光栅及其接续部件、点式感温元件及其接续部件等。

②探测器的拆装以及部件的连接应使用专用工具进行安装。

③探测器的标准报警长度不应大于制造商标称的标准报警长度，且应符合下列要求：

a.缆式线型感温火灾探测器的标准报警长度不应大于 1 m。

b.空气管式线型感温火灾探测器的标准报警长度不应大于最大使用长度的 10%，且不大于 10 m。

c.分布式光纤线型感温火灾探测器的标准报警长度不应大于 3 m。

d.光纤光栅线型感温火灾探测器和线式多点型感温火灾探测器的标准报警长度不应大于 10 m，每个标准报警长度应至少包含一个完整的感温元件，并应符合下列要求之一：不大于 1 m；大于 1 m，且不大于 3 m；大于 3 m 时，分布定位式探测器的每个感温元件应能按部位识别，分区定位式探测器的每个感温元件应能按分区识别，且每一分区敏感部件的长度不应大于 100 m。

注：标准报警长度是指探测器符合本标准探测器动作性能要求所需的最短受热长度。

《火灾自动报警系统设计规范》(GB 50116—2013)规定，符合下列条件之一的场所，宜选择点型感温火灾探测器，且应根据使用场所的典型应用温度和最高应用温度选择适当类别的感温火灾探测器：

①相对湿度经常大于95%。

②可能发生无烟火灾。

③有大量粉尘。

④吸烟室等在正常情况下有烟或蒸气滞留的场所。

⑤厨房、锅炉房、发电机房、烘干车间等不宜安装感烟火灾探测器的场所。

⑥需要联动熄灭"安全出口"标志灯的安全出口内侧。

⑦其他无人滞留且不适合安装感烟火灾探测器，但发生火灾时需要及时报警的场所。

可能产生阴燃火或发生火灾不及时报警将造成重大损失的场所，不宜选择点型感温火灾探测器；温度在0℃以下的场所，不宜选择定温式火灾探测器；温度变化较大的场所，不宜选择具有差温特性的火灾探测器。

4.4　火焰火灾探测器

火焰火灾探测器又称感光火灾探测器，它是一种能对物质燃烧火焰的光谱特性、光照强度和火焰的闪烁频率敏感响应的火灾探测器。它能响应火焰辐射出的红外、紫外和可见光。工程中主要有红外火焰型和紫外火焰型两种火灾探测器。

火焰火灾探测器的主要优点：响应速度快，其敏感元件在接收到火焰辐射光后的几毫秒，甚至几微秒内就能发出信号，特别适用于突然起火无烟的易燃易爆场所。

《火灾自动报警系统设计规范》(GB 50116—2013)规定，符合下列条件之一的场所，宜选择点型火焰火灾探测器或图像型火焰火灾探测器：

①火灾时有强烈的火焰辐射。

②可能发生液体燃烧等无阴燃阶段的火灾。

③需要对火焰作出快速反应。

符合下列条件之一的场所，不宜选择点型火焰火灾探测器和图像型火焰火灾探测器：

①在火焰出现前有浓烟扩散。

②测器的镜头易被污染。

③探测器的"视线"易被油雾、烟雾、水雾和冰雪遮挡。

④探测区域内的可燃物是金属和无机物。

⑤探测器易受阳光、白炽灯等光源直接或间接照射。

4.4.1　红外感光火灾探测器

红外感光火灾探测器是一种对火焰辐射的红外光敏感响应的火灾探测器。红外线波长较长，烟雾粒子对其吸收和衰减能力较弱，即使在有大量烟雾存在的火场，在距火焰一定距离内，仍可使红外线敏感元件感应，发出报警信号。因此这种探测器误报少，响应时间快，抗干扰能力强，工作可靠。

图4-10为JGD-1型红外感光火灾探测器原理框图。JGD-1型红外感光火灾探测器是一种点型火灾探测器。火焰的红外线输入红外滤光片滤光，排除非红外光线，由红外光敏管接收转换为电信号，经放大器1放大和滤波器滤波，再经放大器2、积分电路等触发开关电路，点亮发光二极管(LED)确认灯，发出报警信号。

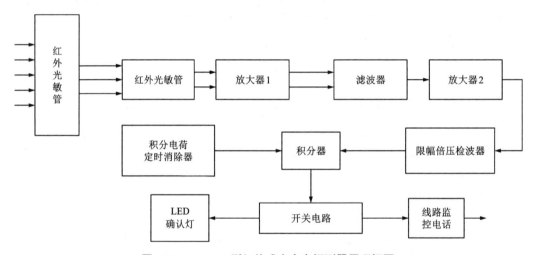

图 4-10　JGD-1型红外感光火灾探测器原理框图

4.4.2　紫外感光火灾探测器

紫外感光火灾探测器是一种对紫外光辐射敏感响应的火灾探测器。紫外感光火灾探测器由于使用了紫外光敏管为敏感元件，而紫外光敏管同时也具有光电管和充气闸流管的特性，所以它使紫外感光火灾探测器具有响应速度快、灵敏度高的特点，可以对易燃物火灾进行有效报警。

由于紫外光主要是由高温火焰发出的，温度较低的火焰产生的紫外光很少，而且紫外光的波长也较短，对烟雾穿透能力弱，所以它特别适合有机化合物燃烧的场合，例如油井、输油站、飞机库、可燃气罐、液化气罐、易燃易爆品仓库等，特别适用于火灾初期不产生烟雾的场所(如生产储存酒精、石油等场所)。火焰温度越高，火焰强度越大，紫外光辐射强度也越高。

图 4-11 为紫外感光火灾探测器结构示意图。火焰产生的紫外光辐射,从反光环和石英玻璃窗进入,被紫外光敏管接收,转换成电信号(电离子)。石英玻璃窗有阻挡波长小于 185 nm 的紫外线通过的能力,而紫外光敏管接收紫外光上限波长的能力,取决于光敏管电极材质、温度、管内充气的成分、配比和压力等因素。紫外线实验灯发出紫外线,经反光环反射给紫外光敏管,用来进行探测器光学功能的自检。

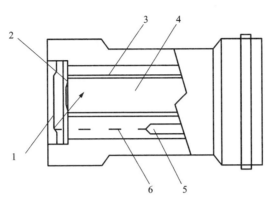

1—反光环;2—石英玻璃窗;3—光学遮护板;4—紫外光敏管;5—紫外线实验灯;6—测试紫外线。

图 4-11　紫外感光火灾探测器结构示意图

紫外感光火灾探测器对强烈的紫外光辐射响应时间极短,25 ms 即可动作。它不受风、雨、高气温等影响,室内外均可使用。

4.5　可燃气体火灾探测器

可燃气体包括天然气、煤气、烷、醇、醛、炔等。可燃气体火灾探测器是一种能对空气中可燃气体浓度进行检测并发出报警信号的火灾探测器。它可以测量空气中可燃气体爆炸下限以内的含量,当空气中可燃气体浓度达到或超过报警设定值时自动发出报警信号,以提醒人们尽早采取安全措施,避免事故发生。可燃气体火灾探测器除具有预报火灾、防火防爆功能外,还可以起监测环境污染的作用。它和紫外感光火灾探测器一样,主要在易燃易爆场合安装使用,适合保护可燃气体容易泄露处的附件、泄露出来的气体容易流经或容易滞留的场所。

催化型可燃气体火灾探测器是用难溶的铂丝作为探测器的气敏元件。工作时,铂丝要先被靠近它的电热体预热到工作温度。铂丝在接触到可燃气体时,会产生催化作用,并在自身表面引起强烈的氧化反应(即所谓"无烟燃烧"),使铂丝的温度升高,其电阻增大,并通过由铂丝组成的不平衡电桥将这一变化取出,通过电路发出报警信号。

半导体可燃气体火灾探测器是一种用对可燃气体高度敏感的半导体器件作为气敏元件的火灾探测器,可以对空气中散发的可燃气体如烷(甲烷、乙烷、丙烷)、醛(丁醛)、醇

（乙醇）、炔（乙炔）等，或气化可燃气体如一氧化碳、氢气及天然气等进行有效的监测。

半导体气敏元件具有如下特点：灵敏度高，即使浓度很低的可燃气体也能使半导体器件的电阻发生极其明显的变化，可燃气体的浓度不同，其电阻值的变化也不同，在一定范围内成正比变化；检测电路很简单，用一般的电阻分压或电桥电路就能取出检测信号，制作工艺简单、价廉、适用范围广，对多种可燃性气体都有较强的敏感能力，但选择性差，不能分辨混合气体的某单一成分的气体，如图 4-12 所示。

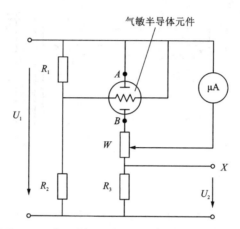

图 4-12　半导体可燃气体火灾探测器电路原理

图 4-12 中，U_1 为探测器的工作电压，U_2 为探测器检测部分的信号输出，由 R_3 取出作用于开关电路，微安表用来显示其变化。探测器工作时，半导体气敏元件的一根电热丝先将元件预热至它的工作温度。无可燃气体时，U_2 值不能产生报警信号，微安表指示为零。在可燃气体接触到气敏半导体元件时，其阻值（A、B 间电阻）发生变化，U_2 的变化将使开关电路导通，发出报警信号。调节电位器可任意设定报警点。

可燃气体火灾探测器要与专用的可燃气体报警器配套使用，组成可燃气体自动报警系统。若把可燃气体爆炸下限（LEL）定为 100%，而预报的报警点通常设在 20%~25%LEL 的范围，则不等空气中可燃气体浓度引起燃烧或爆炸，报警器就提前报警了。

根据《可燃气体探测器　第 3 部分：工业及商业用途便携式可燃气体探测器》（GB 15322.3—2019），良好的探测器应满足如下功能：

①当被监测区域内的可燃气体浓度达到报警设定值时，探测器应能发出声、光报警信号，再将探测器置于洁净空气中，30 s 内应能自动（或手动）恢复到正常监视状态。

②探测器在传感元件断路或短路时应发出与报警信号有明显区别的声、光故障信号。

③探测器应对声、光警报装置设置手动自检功能。

《火灾自动报警系统设计规范》（GB 50116—2013）规定，下列场所宜选择可燃气体火灾探测器：

①使用可燃气体的场所。

②燃气站和燃气表房以及存储液化石油气罐的场所。

③其他散发可燃气体和可燃蒸气的场所。

在火灾初期产生一氧化碳的下列场所可选择点型一氧化碳火灾探测器:

①烟不容易对流或顶棚下方有热屏障的场所。

②在棚顶上无法安装其他点型火灾探测器的场所。

③需要多信号复合报警的场所。

4.6　火灾探测器选用原则

在火灾自动报警系统的设计过程中,火灾探测器的选用和设置是一个关键问题,是决定自动报警系统的效率、性能和经济性的重要因素之一,直接影响火灾探测器性能的发挥和火灾自动报警系统的整体特性。关于火灾探测器的选用和设置,必须按照国家标准《火灾自动报警系统设计规范》(GB 50116—2013)和《火灾自动报警系统施工及验收标准》(GB 50116—2019)等有关要求和规定执行。

火灾探测器的一般选用原则:充分考虑火灾形成规律与火灾探测器选用的关系,根据火灾探测区域内可能发生的初期火灾的形成和发展特点、房间高度、环境条件和可能引起误报的各种因素等,综合确定火灾探测器的类型与性能要求。

《火灾自动报警系统设计规范》(GB 50116—2013)规定,火灾探测器的选择应符合下列规定:

①对火灾初期有阴燃阶段,产生大量的烟和少量的热,很少或没有火焰辐射的场所,应选择感烟火灾探测器。

②对火灾发展迅速,可产生大量热、烟和火焰辐射的场所,可选择感温火灾探测器、感烟火灾探测器、火焰火灾探测器或其组合。

③对火灾发展迅速,有强烈的火焰辐射和少量烟、热的场所,应选择火焰火灾探测器。

④对火灾初期有阴燃阶段,且需要早期探测的场所,宜增设一氧化碳火灾探测器。

⑤对使用、生产可燃气体或可燃蒸气的场所,应选择可燃气体火灾探测器。

⑥应根据保护场所可能发生火灾的部位和燃烧材料的分析,以及火灾探测器的类型、灵敏度和响应时间等选择相应的火灾探测器,对火灾形成特征不可预料的场所,可根据模拟试验的结果选择火灾探测器。

⑦同一探测区域内设置多个火灾探测器时,可选择具有复合判断火灾功能的火灾探测器和火灾报警控制器。

根据《建筑消防设施检测技术规程》(XF 503—2004),火灾探测器应满足如下试验要求:

①点型感烟探测器应在试验烟气作用下动作,向火灾报警控制器输出火警信号,并启动探测器报警确认灯;探测器报警确认灯应在手动复位前予以保持。

②线型光束感烟探测器当对射光束的减光值为 1.0~10 dB 时,应在 30 s 内向火灾报警控制器输出火警信号,启动探测器报警确认灯。

③点型、线型感温探测器应在试验热源作用下动作,向火灾报警控制器输出火警信号;点型探测器报警应启动探测器报警确认灯,并应在手动复位前予以保持。

④火焰(或感光)探测器应在试验光源作用下,在规定的响应时间内动作,并向火灾报警控制器输出火警信号;具有报警确认灯的探测器应同时启动报警确认灯,并应在手动复位前予以保持。

4.6.1 火灾形成规律与火灾探测器选用的关系

火灾从燃烧特点来分有两种:一种是燃烧过程极短的爆燃性火灾;另一种是具有较明显燃烧阶段的、具有阴燃性的一般性火灾。前者起火极快,无火灾初起阶段,而后者却具有较长的火灾初起阶段,一般为 5～20 min。具有爆燃性物质的场所应该选用感光或可燃气体火灾探测器;而具有阴燃性物质的场所应该按照不同的燃烧阶段来选用不同类型的火灾探测器。

民用建筑火灾大都属于具有阴燃性质的一般性火灾,在火灾初起阶段建筑材料燃烧性能起着较明显的作用。例如,有大面积可燃性材料的墙及天花板,能使火焰迅速扩大、蔓延;在着火点周围的可燃性材料烧完后,非燃烧性材料的墙和楼板是不会把火蔓延开来的,甚至可能因可燃物燃尽而最终熄灭;如果燃烧发生在可燃性墙体及纸质天花板下,则燃烧会因有大量的可燃物存在而扩大燃烧面,并且发展成灾。

在火灾初起阶段的火灾报警一般定为自动防火系统第一道自动监测线。此阶段中的火灾特征参数主要是烟雾,而室内平均温度较低,火焰更少,因此,应选用感烟火灾探测器。

在火灾发展阶段,温度上升很快,可燃物大量燃烧,迅速达到"全面燃烧"。这一阶段持续时间的长短与起火原因无关,而主要决定于燃烧物的性质、数量和获得空气的条件。为了减少火灾损失,在建筑结构设计上应该做好材料的选择(尽可能采用阻燃性或不燃性材料),用防火分隔把火灾限制在一定范围内,不使其向外扩展延伸;适当选用耐火时间长的建筑结构组成避难场所使它在猛烈的火焰包围中,仍然保持一定的强度和稳定性,直到消防人员将火扑灭。这一阶段,温度上升速率大,火灾已形成,消防特点主要是控制火势发展,减少火灾损失;在自动消防系统设计中一般将温度或温升速率确定为第二道火灾自动监视线。此阶段中火灾探测器以感温火灾探测器为主,作为启动防灾、灭火设施的动作信号,同时也作为感烟火灾探测器的后备报警措施。

在有大量粉尘、多烟、水汽的场所,无法应用感烟火灾探测器时也可以应用感温火灾探测器来作为主要火灾探测器。有的情况下也用感温火灾探测器与感烟、感光火灾探测器组成复合式火灾报警,以提高火灾监控系统的可靠性。

在感烟火灾探测器中,点型的离子和光电感烟探测器的灵敏度与烟雾粒子直径的大小有关。图 4-13 所示为离子与光电感烟探测器响应阈值与烟雾粒子直径的关系曲线。从曲线可见,离子感烟探测器对烟雾粒径 0.3 μm 以下的响应较灵敏,而光电感烟探测器则对 1 μm 以上的烟雾粒子响应较灵敏。离子式和光电式感烟火灾探测器的适用场所基本相同,但由于其作用原理不同,在选用时还有以下不同点应予以考虑:

①由图 4-13 中曲线得知,离子感烟探测器对烟雾粒径在 0.3 μm 以下的响应灵敏,故在有醇、醚、酮类易挥发性气体的场所易产生误动作,但光电感烟探测器无此弊端。

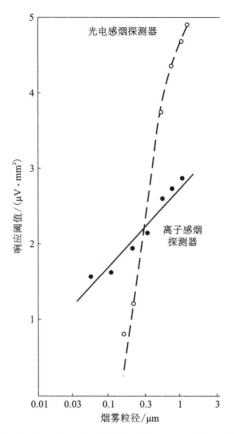

图 4-13　离子与光电感烟探测器响应阈值与烟雾粒子直径关系曲线

②在风速大于 10 m/s 的场所，离子感烟探测器不稳定，易产生误动作，光电感烟探测器则不会造成误动作。

③对于线型感烟探测方式的激光感烟探测器，由于它的监视区域为一条线状窄条，因此适用于较大的库房，以及某些易燃材料的堆垛及货架等场所。

此外，感温火灾探测器的温升达到一定值时，其响应时间也随着升温速率的增大而减小，其关系曲线如图 4-14 所示。这些曲线给出了在什么升温速率（℃/min）或热量变化（$\Delta Q/℃$）的条件下选择何种灵敏度的感温火灾探测器最合适。感温火灾探测器作为火灾初起阶段中早期火警主要报警探测器时，会引起一定物质损失，但其工作稳定，不易受非火灾烟雾的干扰。因此，凡无法使用感烟火灾探测器的场所，且允许有一定的物质损失时，都可以选用感温火灾探测器作为主要火灾探测器。通常，差温火灾探测器适用于火灾早期报警，它对于以环境升温速率作为火灾参数来响应的探测器是比较灵敏的。但为了避免火灾温度升高过慢而引起漏报，一般都附加一个定温元件的后备保护，这就是差定温火灾探测器的优点。定温火灾探测器只在环境温度达到一定阈值时产生动作，允许环境温度有较大的变动，因此工作更稳定，但物质损失较大。

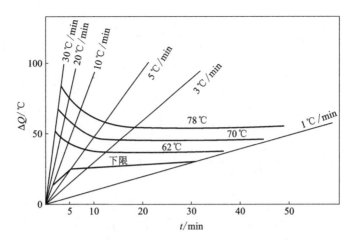

图 4-14   不同温升速率下感温火灾探测器的温升与响应时间关系曲线

4.6.2   火灾探测器选用的一般原则

根据建筑物特点和火灾的形成与发展特点来选用火灾探测器,是火灾探测器选用的核心所在。一般应该遵循以下几项原则。

原则 1:火灾初期有阴燃阶段(如棉麻织物、木器火灾),产生大量的烟和少量的热,很少或没有火焰辐射时,一般应该选用感烟火灾探测器,探测器的感烟方式和灵敏度级别应该根据具体使用场所来确定,如表 4-4 所示。感烟火灾探测器的工作方式则根据反应速度与可靠性要求来确定,一般对于只用作报警目的的火灾探测器,选用非延时工作方式,并应该考虑与其他种类火灾探测器配合使用。

表 4-4   感烟火灾探测器适用场所、灵敏度与感烟方式的关系

适用场所	灵敏度级别选择	感烟方式及说明
饭店、旅馆、写字楼、教学楼、办公楼等的厅堂、卧室、办公室、展览室、娱乐室、会议室等	厅堂、办公室、大会议室、值班室、娱乐室、接待室等可用中、低档,可延时工作;吸烟室、小会议室采用低档,可延时工作;卧室、病房、休息室、展览室、衣帽室等采用高档,一般不延时工作	早期热解产物中烟雾气溶胶颗粒很小的场所,采用离子感烟式更好;颗粒较大的,采用光电感烟式更好;还可以按价格选择感烟方式,不必细分
计算机房、通信机房、电影或电视放映室等	高档或高、中档分开布置,联合使用,采用非延时工作方式	有装修时,烟雾浓度大,颗粒大,光电感烟式更好;无装修时,离子感烟式更好
楼梯间、走道、电梯间、机房等	高档或中档均可,采用非延时工作方式	按照价格选定感烟方式

续表4-4

适用场所	灵敏度级别选择	感烟方式及说明
博物馆、美术馆、图书馆等文物古建单位的展览室、书库、档案库等	采用高档，采用非延时工作方式	按照价格、使用寿命选定感烟方式，同时还应该设置火焰火灾探测器，提高反应速率和可靠性
有电气火灾危险的场所，如电站、变压器间、变电所和建筑的配电间	必须选择高档，采用非延时工作方式	①早期热解产物微粒小，采用离子式，否则，采用光电式；②必须与紫外火焰探测器配用
银行、百货商场、仓库等	高档或中档均可，采用非延时工作方式	有联动控制要求时，可以采用具有中、低档灵敏度的双信号探测器，或与感温火灾探测器配用，或采用烟温复合式探测器
能产生阴燃火，或发生火灾不早期报警将造成重大损失的场所	必须选用高档，必须采用非延时工作方式	①烟温光复合式火灾探测器；②烟温光配合使用方式；③应按联动要求考虑

离子和光电感烟探测器的适用场所是根据离子和光电感烟方式的特点确定的。对于那些使感烟火灾探测器变得不灵敏或总是误报，对离子感烟探测器放射源产生腐蚀并改变其工作特性，或使感烟火灾探测器在短期内严重污染的场所，感烟火灾探测器不适用，有关规定参考国家标准《火灾自动报警系统设计规范》(GB 50116—2013)。

原则2：火灾发展迅速，有强烈的火焰辐射和少量的烟热时，应该选用火焰火灾探测器。火焰火灾探测器通常采用紫外式或紫外与红外复合式，一般为点型结构，其有效性取决于探测器的光学灵敏度(用 4.5 cm 焰高的标准烛光距探测器 0.5 m 或 1.0 m 时，探测器有额定输出)、视锥角(即视角，通常 70°~120°)、响应时间(≤1 s)和安装定位。

原则3：火灾形成阶段以迅速增长的烟火速度发展，产生较大的热量，或同时产生大量的烟雾和火焰辐射时，应该选用感温、感烟和火焰火灾探测器或组合使用。

感温火灾探测器的使用一般考虑定温、差温和差定温方式，其使用环境条件要求不高，一般在感烟火灾探测器不能使用的场所均可使用。但是，在感烟火灾探测器可用的场所，尽管也可使用感温火灾探测器，但其探测速度却大大低于感烟方式，因此，只要感烟和感温火灾探测器均可用的场所多选择感烟式，有联动控制要求时则采用感烟和感温组合式或复合式。此外，点型电子感温探测器受油雾等污染会影响其外露热敏元件的特性，因此，对环境污染场所应鉴别考虑。感温火灾探测器的主要适用场所：相对湿度经常高于95%以上的场所；有大量粉尘、水雾滞留的场所；可能发生无烟火灾的场所；正常情况下有烟和蒸气滞留的场所；其他不宜用感烟火灾探测器的厅堂和公共场所。对于可能产生阴燃火或需要早期报警以避免重大损失的场所，各种感温火灾探测器均不可用。正常温度在0℃以下的场所，不宜用点型定温火灾探测器，可用差温或差定温火灾探测器；正常情况下温度变化较大的场所，不宜用差温火灾探测器，可用定温火灾探测器。

原则4：火灾探测报警与灭火设备有联动要求时，必须以可靠为前提，获得双报警信号后，或者再加上延时报警判断后，才能产生延时报警信号。

必须采用双报警信号或双信号组合报警的场所，一般都是重要性强、火灾危险性较大的场所。这时，一般采用感烟、感温和火焰火灾探测器的同类型或不同类型组合来产生双报警信号。同类型组合通常是指同一探测器具有两种不同灵敏度的输出，如具有两极灵敏度输出的双信号式光电感烟探测器；不同类型组合则包括复合式探测器和探测器的组合使用，如热烟光电式复合探测器与感烟火灾探测器配对组合使用等。

原则5：在散发可燃气体或易燃液体蒸气的场所，多用可燃气体火灾探测器实现早期报警。

原则6：火灾形成不可预料的场所，可进行模拟试验后，按试验结果确定火灾探测器的选型。

综上可见，按初期火灾的形成和发展特点选用火灾探测器，应结合各种火灾探测器的原理和有关的消防规范的规定与要求，以发挥火灾探测器有效性为前提，确保火灾探测器能可靠工作和输出信号。

4.6.3 房间高度对选用火灾探测器的影响

对火灾探测器使用高度加以限制，是为了在整个火灾探测器保护面积范围内，使火灾探测器有相应的灵敏度，确保其有效性。一般感烟火灾探测器的安装使用高度 $h \leqslant 12$ m，随着房间高度上升，使用的感烟火灾探测器灵敏度相应提高。感温火灾探测器的使用高度 $h \leqslant 8$ m，感温火灾探测器的灵敏度高，可用于较高的房间。火焰火灾探测器的使用高度由其光学灵敏度范围（9~30 m）确定，房间高度增加，要求火焰火灾探测器灵敏度提高。房间高度与火灾探测器选用的关系如表4-5所示。应该指出，房间顶棚的形状（尖顶形、拱顶形）和大空间不平整顶棚，对火灾探测器的有效使用有一定的影响，应该视具体情况并考虑火灾探测器的保护面积和保护半径等确定。

表4-5　房间高度与火灾探测器选用的关系

房间高度 h/m	感烟火灾探测器 （离子式或光电式）	感温火灾探测器 （一级灵敏度）	感温火灾探测器 （二级灵敏度）	感温火灾探测器 （三级灵敏度）	火焰火灾探测器 （紫外）
$12 < h \leqslant 20$	不适合	不适合	不适合	不适合	适合
$8 < h \leqslant 12$	适合	不适合	不适合	不适合	适合
$6 < h \leqslant 8$	适合	适合	不适合	不适合	适合
$4 < h \leqslant 6$	适合	适合	适合	不适合	适合
$h \leqslant 4$	适合	适合	适合	适合	适合

4.6.4 环境条件对选用火灾探测器的影响

火灾探测器使用的环境条件,如环境温度、气流速度、振荡、空气湿度、光干扰等,对火灾探测器的工作有效性(灵敏度等)会产生影响。一般感烟与火焰火灾探测器的使用温度低于50℃,定温火灾探测器在10~35℃;在0℃以下火灾探测器安全工作的条件是其本身不允许结冰,并且多数采用感烟或火焰火灾探测器。环境中有限的正常振荡,对点型火灾探测器一般影响很小,对分离式光电感烟探测器影响较大,要求定期调校。环境空气湿度小于95%时,一般不影响火灾探测器工作;雾化烟雾或凝露对感烟和火焰火灾探测器的灵敏度有影响。环境中存在烟、灰及类似的气溶胶,直接影响感烟火灾探测器的使用;对感温和火焰火灾探测器,如避免湿灰尘,则使用不受限制。环境中的光干扰对感烟和感温火灾探测器的使用无影响,对火焰火灾探测器则无论直接与间接,都将影响其工作可靠性。

选用火灾探测器时,如果不充分考虑环境因素的影响,那么在使用中会产生误报。误报除了与环境因素有关之外,还与火灾探测器故障或设计中的欠缺、维护不周、老化和污染等因素有关,应该认真对待。

通常,为了便于火灾探测器的选用,在民用建筑中可以按照各种类型的火灾探测器性能来确定其适用或不适用的场所,具体选择可参考表4-6。

表 4-6 民用建筑中火灾探测器类型选择表

设置场所	火灾探测器类型及灵敏度											
	差温式			差定温式			定温式			感烟式		
	1级	2级	3级	1级	2级	3级	1级	2级	3级	1级	2级	3级
剧场、电影院、礼堂、会场、百货商场、旅馆、饭店、集体宿舍、公寓、住宅、医院、图书馆、博物馆、展览馆等	□	○	○	□	○	○	○	□	□	☆	○	○
电视演播室、电影放映室	☆	☆	□	☆	☆	□	○	○	○	☆	○	○
差温式及差定温式有可能不预报火灾发生的场所	☆	☆	☆	☆	☆	☆	○	○	○	○	○	○
发动机室、立体停车场、飞机库	☆	○	○	○	○	○	○	○	☆	○	○	○
厨房、锅炉房、开水间、消毒室	☆	☆	☆	☆	☆	☆	□	○	○	☆	☆	☆
进行干燥、烘干的场所	☆	☆	☆	☆	☆	☆	□	○	○	☆	☆	☆
有可能产生大量蒸气的场所	☆	☆	☆	☆	☆	☆	□	○	○	☆	☆	☆
发生火灾时温度变化缓慢的小间	☆	☆	☆	○	○	○	○	○	○	□	○	○
楼梯及倾斜走道	☆	☆	☆	○	○	○	☆	○	○	□	○	○

续表4-6

设置场所	火灾探测器类型及灵敏度											
	差温式			差定温式			定温式			感烟式		
	1级	2级	3级	1级	2级	3级	1级	2级	3级	1级	2级	3级
走廊及通道	※	※	※	※	※	※	※	※	※	□	○	○
电梯竖井、管道井	※	※	※	※	※	※	※	※	※	□	○	○
电子计算机房、通信机房	□	☆	☆	□	☆	☆		☆	☆	□	○	○
书库、地下仓库	□	○	○	□	○	○	○	☆	☆	□	○	○
吸烟室、小会议室	☆	☆	○	○	○	○	○	☆	☆	☆	☆	○

注：○——适用；☆——不适用；※——不确定，可被取代；□——按安装场所情况，限于能有效探测火灾发生的场所才适用。

4.7 火灾探测器工程应用

4.7.1 火灾探测器的接线形式

火灾探测器能够将烟雾、温度或火焰光等火灾信息由非电信号转换为电信号并送给控制单元(或报警装置)，因此，火灾探测器必不可少地要发生对外电气连接。它涉及火灾探测器的结构、线制等问题，也决定了火灾监控系统的接线形式。

1. 火灾探测器的外形结构

火灾探测器的外形结构因制造厂家不同而略有差异，但总体形状大致相同。一般随使用场所不同，在安装方式上主要考虑露出型和埋入型两类。同时，为方便用户辨认探测器是否动作，在外形结构上还可分为带(动作)确认灯型和不带确认灯型两种。图4-15所示是几种火灾探测器的外形结构示意图。

2. 火灾探测器的线制

火灾探测器的线制对火灾监控系统报警形式和特性有较大影响。线制就是火灾探测器的接线方式(出线方式)。火灾探测器的接线端子一般为3~5个，但并非每个端子一定要有进出线相连接。在消防工程中，对于火灾探测器通常采用三种接线方式，即两线制、三线制、四线制。

(1)两线制

两线制一般由火灾探测器对外的信号线端和地线端组成。在实际使用中，两线制火灾

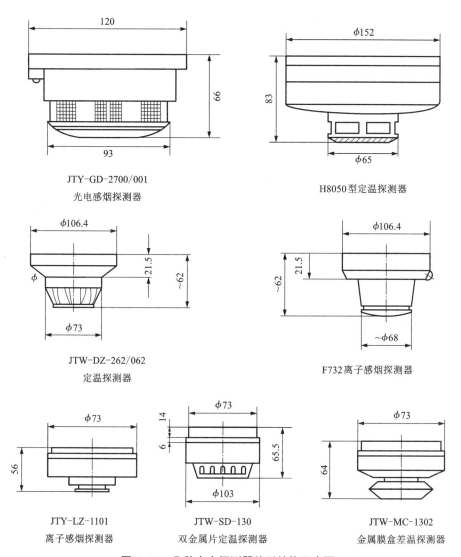

图 4-15 几种火灾探测器外形结构示意图

探测器的 DC 24 V 电源端、检查线端和信号线端合一以信号线形式输出，目前在火灾监控系统产品中应用广泛。两线制接法可以完成火灾报警、断路检查、电源供电等功能，其优点是布线少、功能全、工程安装方便。其缺点是使火灾报警装置电路更为复杂，不具有互换性。

（2）三线制

三线制在火灾监控系统中应用较为广泛。工程实际中常用的三线制出线方式是 DC 24 V+电源线、地线和信号线（检查线与信号线合一输出），或 DC 24 V+电源线、检查线和信号线（地线与信号线合一输出）。

（3）四线制

四线制在火灾监控系统中应用也较普遍。四线制的通常出线形式是 DC 24 V+电源线、电源负极、信号线、检查线（一般是检入线）。

3. 火灾探测器的运用方式

在消防工程中，对于保护区域内火灾信息的探测，有时是单独运用一只火灾探测器进行探测，有时是用两只或若干只火灾探测器同时探测。为提高火灾自动报警系统的工作可靠性和联动有效性，目前多采用若干只火灾探测器同时探测的方式。

（1）火灾探测器的单独运用形式

单独运用形式是指每一只火灾探测器构成一个探测回路，即每一只火灾探测器的信号线单独送入（输入）火灾报警装置（或控制器），而独立成为一个探测回路（亦称探测支路）。

单独运用形式的最大优点是接线、布线简单，在传统的多线制系统中应用较多，形成火灾探测报区不报点，其监测的准确可靠性差一些，易于造成误报警和灭火控制系统的误动作。

（2）火灾探测器的并联运用形式

所谓并联运用形式是指若干只火灾探测器的信号线按一定关系并联在一起，然后以一个部位或区域的信号送入火灾报警装置（或控制器），即若干只火灾探测器连接起来后仅构成一个探测回路，并配合各只火灾探测器的地址编码实现保护区域内多个探测部位火灾信息的监测与传送。这里所谓"按一定关系并联"，大体可以分为两种形式：①若干只火灾探测器的信号线以某种逻辑关系组合，作为一个地址或部位的信号线送入火灾报警装置，如建筑中大面积房间的火灾探测。②若干只火灾探测器的信号线简单地直接并联在一起，然后送入火灾报警装置，如地址编码火灾探测器的应用。

火灾探测器并联运用的优点是克服了因火灾探测器自身质量（损坏等）造成的大面积空间不报警现象，从而提高了探测区域火灾信号的可靠性。

应该强调说明，工程实际中火灾探测器采用什么样的线制和运用形式，应严格根据火灾监控系统的设计指标和所选用的火灾报警装置（或控制器）的要求而确定。

4.7.2　火灾探测器的安装高度

火灾探测器的安装高度 H_0 是指探测器安装位置（点）距该保护区域（层）地面的高度。火灾探测器的安装高度与火灾探测器的类型有一定的关系。若安装面（房间顶面）不是水平的（即为斜面或曲面顶），则安装高度 H_0 取中值计算，如图 4-16 所示。

$$H_0 = (H + h)/2 \tag{4-1}$$

式中：H 为安装面最高部位高度；h 为安装面最低部位高度。

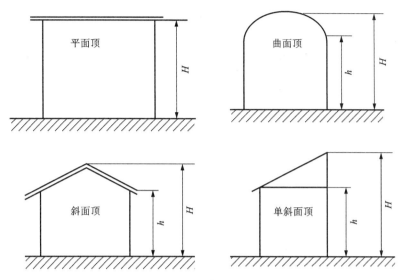

图 4-16　安装高度的计算图

4.7.3　火灾探测器的保护面积与保护半径

火灾探测器的保护面积 A，定义为一只火灾探测器能够有效地探测到火灾信息的地面面积，亦称为探测面积，单位为 m^2。火灾探测器的保护半径 R，定义为一只火灾探测器能够有效探测的单向最大水平距离。

火灾探测器的保护面积主要受火灾类型(燃烧材料的燃烧率、烟雾粒子直径及其组成成分、热释放产生的热对流)、建筑结构特点(房间探测区域地面大小、火灾探测器的安装高度、顶棚或屋顶形状以及房间中设备的摆设方式)和环境条件(周围环境的温度和湿度、自然气流的存在、空调系统或加热系统产生的空气运动)等因素的影响。火灾探测器对保护面积的影响一般有下列几个方面：

①火灾探测器的灵敏度越高，其响应阈值越灵敏，保护空间越大。

②火灾探测器的响应时间越快，保护空间越大。

③建筑空间内发烟物质的发烟量越大，感烟火灾探测器的保护空间面积越大。

④燃烧性质不同时，阴燃比爆燃的保护空间大。

⑤烟雾越易积累，并且越容易到达火灾探测器时，保护空间越大；空间越高，保护面积越小；如果由于通风及火灾探测器布点位置不当，致使烟雾无法积累或根本无法达到火灾探测器时，则其保护空间几乎接近于零。

⑥如果允许物质损失较大，发烟时间较长甚至出现明火，烟雾可以借助火势迅速蔓延，则保护空间更大。

上述各种因素，有的可以预计其影响程度，有的无法考虑。因此，火灾探测器在确定使用数量时，采用修正系数 K 值来综合考虑有关因素的影响。在考虑了上述主要因素后，将火灾探测器在特定的试验条件下经过五种典型的试验火试验验证之后，可得出火灾探测器保护面积 A 和保护半径 R 与建筑结构特点的关系，如表 4-7 所示。

表 4-7 感烟、感温火灾探测器保护面积 A 和保护半径 R 与建筑结构特点的关系

火灾探测器种类	地面面积 S/m^2	安装高度 H/m	$\theta \leqslant 15°$		$15° < \theta \leqslant 30°$		$\theta > 30°$	
			A/m^2	R/m	A/m^2	R/m	A/m^2	R/m
感烟火灾探测器	$\leqslant 80$	$\leqslant 12$	80	6.7	80	7.2	80	8.0
	$S > 80$	$15 < H \leqslant 30$	80	6.7	100	8.0	120	9.9
		$H \leqslant 6$	60	5.8	80	7.0	100	9.0
感温火灾探测器	$\leqslant 30$	$\leqslant 8$	30	4.4	30	4.9	30	5.5
	> 30	$\leqslant 8$	20	3.6	30	4.9	40	6.3

注：A 为探测器的保护面积；R 为保护半径；θ 为屋顶坡度。

关于表 4-7 有如下几点说明：

①当火灾探测器装于探测区域不同坡度的顶棚上时，随着顶棚坡度的增大，烟雾沿斜顶和屋脊聚集，使安装在屋脊（或靠近屋脊）的火灾探测器感受烟或感受热气流的机会增加。因此，火灾探测器的保护半径也相应地加大。

②当火灾探测器监测的地面面积 $S > 80 \ m^2$ 时，安装在其顶棚上的感烟火灾探测器受其他环境条件的影响较小。房间越高，火源同顶棚之间的距离越大，则烟雾均匀扩散的区域越大。因此，随着房间高度增加，火灾探测器保护的地面面积也增大。

③随着房间顶棚高度增加，能使感温火灾探测器动作的火灾规模明显增大。因此，感温火灾探测器需按不同的顶棚高度选用不同灵敏度等级。较灵敏的火灾探测器（Ⅰ级或Ⅱ级），宜用于较大的顶棚高度上。

④感烟火灾探测器对各种不同类型的火灾的敏感程度有所不同，因而难以规定感烟火灾探测器灵敏度等级与房间高度的对应关系。但考虑到火灾初期房间越高烟雾越稀薄的情况，当房间高度增加时，可将火灾探测器的感烟灵敏度档次（等级）调高。

4.7.4 火灾探测器的安装间距与设置数量

1. 火灾探测器的安装间距

火灾探测器的安装间距定义为两只相邻的火灾探测器中心之间的水平距离，单位为 m。当探测区域（面积）为矩形时，则 a 为横向安装间距，b 为纵向安装间距，如图 4-17 所示。

从图 4-17 可以看出安装间距 a、b 的实际意义。以图中 1# 探测器为例，安装间距是指 1# 探测器与 2#、3#、4# 和 5# 相邻探测器之间的距离，而不是 1# 探测器与 6#、7#、8#、9# 探测器之间的距离。显然，只有当探测区域内的探测器按正方形布置时，才有 $a = b$。

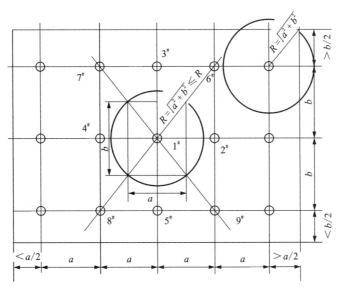

图 4-17　安装间距的说明图例

从图 4-17 还可以看出，探测器保护面积 A、保护半径 R 与安装间距 a、b 具有下列近似关系：

$$(2R)^2 = a^2 + b^2 \tag{4-2}$$

$$A = a \cdot b \tag{4-3}$$

$$D_i = 2R \tag{4-4}$$

应当指出，工程设计中，为了尽快地确定某个探测区域内火灾探测器的安装间距 a 和 b，经常利用安装间距 a、b 的极限曲线（图 4-18）。事实上，a、b 的极限曲线就是按照式(4-2)~式(4-3)绘制的。应用这一曲线，可以按照选定的火灾探测器的保护面积 A 和保护半径 R 立即确定出安装间距 a 和 b。

有时我们也简称安装间距 a、b 的极限曲线为 D_i——极限曲线，D_i 有时也称为保护直径。应当说明，在图 4-18 所示的 D_i——极限曲线中：

①极限曲线 $D_1 \sim D_4$ 和 D_6 适用于保护面积 $A = 20 \text{ m}^2$、30 m^2、40 m^2 及其保护半径 $R = 3.6 \text{ m}$、4.4 m、4.9 m、5.5 m 和 6.3 m 的感温火灾探测器。

②极限曲线 D_5 和 $D_7 \sim D_{11}$（含 D_9'）适用于保护面积 $A = 60 \text{ m}^2$、80 m^2、100 m^2、120 m^2 及其保护半径 $R = 5.8 \text{ m}$、6.7 m、7.2 m、8.0 m、9.0 m 和 9.9 m 的感烟火灾探测器。

③各条 D_i 极限曲线端点 Y_i 和 Z_i 坐标值 (a_i, b_i)，即安装间距 a、b 的极限值，可由式(4-2)和式(4-3)算得，如表 4-8 所示。

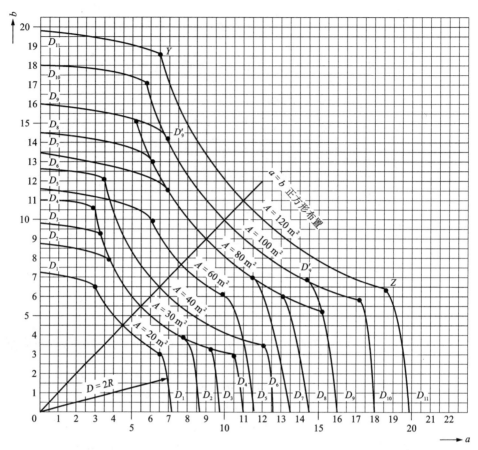

注：A—探测器的保护面积（m^2）；a、b—探测器的安装间距（m）；$D_1 \sim D_{11}$（含D_9'）—在不同保护面积A和保护半径下确定探测器安装间距a、b的极限曲线；Y、Z—极限曲线的端点（在Y和Z两点间的曲线范围内，保护面积可得到充分利用）。

图 4-18 安装间距 a、b 的极限曲线

表 4-8 D_i 极限曲线端点坐标值

极限曲线 D_i	$Y_i(a_i \cdot b_i)$点	$Z_i(a_i \cdot b_i)$点	极限曲线 D_i	$Y_i(a_i \cdot b_i)$点	$Z_i(a_i \cdot b_i)$点
D_1	$Y_1(3.1 \cdot 6.5)$	$Z_1(6.5 \cdot 3.1)$	D_7	$Y_7(7.0 \cdot 11.4)$	$Z_7(11.4 \cdot 7.0)$
D_2	$Y_2(3.3 \cdot 7.9)$	$Z_2(7.9 \cdot 3.3)$	D_8	$Y_8(6.1 \cdot 13.0)$	$Z_8(13.0 \cdot 6.1)$
D_3	$Y_3(3.2 \cdot 9.2)$	$Z_3(9.2 \cdot 3.2)$	D_9	$Y_9(5.3 \cdot 15.1)$	$Z_9(15.1 \cdot 5.3)$
D_4	$Y_4(2.8 \cdot 10.6)$	$Z_4(10.6 \cdot 2.3)$	D_9'	$Y_9'(6.9 \cdot 14.4)$	$Z_9'(14.4 \cdot 6.9)$
D_5	$Y_5(6.1 \cdot 9.9)$	$Z_5(9.9 \cdot 6.1)$	D_{10}	$Y_{10}(5.9 \cdot 17.0)$	$Z_{10}(17.0 \cdot 5.9)$
D_6	$Y_6(3.3 \cdot 12.2)$	$Z_6(12.2 \cdot 3.3)$	D_{11}	$Y_{11}(6.4 \cdot 18.7)$	$Z_{11}(18.7 \cdot 6.4)$

2. 火灾探测器的设置数量

一个探测区域内应设置的探测器数量 N，可由下式计算决定：

$$N \geqslant S/(K \cdot A) \tag{4-5}$$

式中：N 为应设置的探测器数量（只），取整数；S 为探测区域面积，m^2；A 为探测器的保护面积，m^2；K 为安全修正系数。

安全修正系数 K 的选取，主要根据工程设计人员的实践经验，并考虑一旦发生火灾，对人身和财产的损失程度、危险程度、疏散及扑救的难易程度方面大小等多种因素。一般情况下，建议重点保护建筑物 K 取 0.7~0.9，非重点保护建筑物 K 取 1.0。

4.7.5　火灾探测区域及其划分

所谓火灾探测区域，是将报警区域按探测火灾的部位划分的单元，而报警区域是将火灾监控系统的警戒范围按防火分区或楼层划分的单元。因此，火灾探测区域也是指火灾探测器能够有效探测发生火灾的区域。

火灾探测区域的划分，主要取决于被监控现场的建筑构造情况。划分探测区域的基本依据为：有突出墙壁或突出安装面 0.4 m 以上（针对感温探测器）或 0.6 m 以上（针对感烟探测器）的梁、柱等围起的部分，应划为一个探测区域，如图 4-19 所示。按照这一基本依据，探测区域的划分可具体归纳为以下几点：

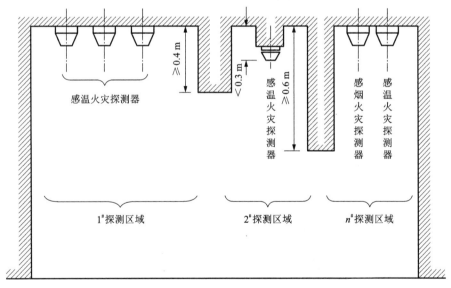

图 4-19　火灾探测区域划分示意图

①平面天棚的场合，没有梁的房间，可以把一个房间划分为一个探测区域。

②对于有梁的场合，每个被突出 0.4 m 以上（针对感温火灾探测器）或突出 0.6 m 以上

(针对感烟火灾探测器)的梁等围起来的部分,可划分为一个探测区域。

③一般情况下,探测区域应按独立房间划分,其面积不宜超过 500 m²。但当一个房间、厅室的面积较大而又无梁等隔断,且从主要出入口能一目了然地看清其内部时,则该探测区域最大面积可以扩展至 1000 m²。换言之,探测区域可能是一只火灾探测器所保护的区域,也可能是几只或多只探测器保护的区域,一个探测区域内可以包括若干个探测部位。

④对于消防工程十分重要的建筑部位,比如,敞开或封闭楼梯间、防烟楼梯间前室、消防电梯前室、消防电梯与防烟楼梯间合用的前室等,为了保证在发生火灾时能使建筑物内人员进行安全疏散,减少人员伤亡,就必须确保这些部位所发生的火灾能够及时而准确地被发现,尽快扑灭,所以,对于这类部位应分别单独划分为一个探测区域,而不允许同建筑物楼层的房间混杂在同一探测区域。

⑤坡道、管道井、电梯井等和建筑物内的其他部分相比情况比较特殊,也应单独划分为一个探测区域,且应与走廊、通道、起居室等分开,不应混杂。

⑥对于走道、电缆隧道等,考虑到宽窄不同,形状也不尽相同,有直的、弯曲的、交叉的等,为了及时发现火灾,并将其扑灭或阻断,也必须单独划分为一个探测区域。

⑦对于建筑物间闷顶、夹层等场所,划分探测区域的一般考虑是在设有电缆、空调和通风设备的地板与地基之间、天花板与屋顶之间安装火灾探测器时,必须考虑单独划分为一个探测区域。

4.7.6 火灾探测器的安装规则

消防工程设计施工中,针对不同的建筑构造,对火灾探测器的安装要求是不相同的。下面提出几点主要安装规则:

1)房间顶棚有梁的情况。由于梁对烟的蔓延会产生阻碍,因而使火灾探测器的保护面积受到影响。如果梁间区域的面积较小,梁对热气流(或烟气流)形成障碍,并吸收一部分热量,因而火灾探测器的保护面积必然下降。为补偿这一影响,工程中是按梁的高度情况加以考虑的。

①当梁突出顶棚的高度小于 200 mm 时,在顶棚上设置感烟、感温火灾探测器,可以忽略梁对火灾探测器保护面积的影响。

②当梁突出顶棚高度在 200 mm 至 600 mm 时,设置感烟、感温火灾探测器时应按图 4-20 和表 4-9 来确定梁的影响和一只火灾探测器能够保护的梁间区域的个数("梁间区域"指的是高度在 200 mm 至 600 mm 之间的梁所包围的区域)。

③当梁突出顶棚高度超过 600 mm 时,则被其隔开的部分需单独划为一个探测区域。

④当梁间净距离小于 1 m 时,可视为平顶棚。

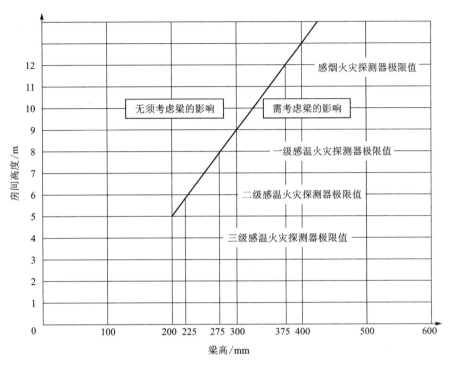

图 4-20 梁对火灾探测器应用的影响

表 4-9 按梁间区域面积确定一只火灾探测器能够保护的梁间区域的个数

探测器的保护面积/m²	梁隔断的梁间区域面积 Q/m²	一只火灾探测器保护的梁间区域的个数/个
感温火灾探测器	20	
	$Q>12$	1
	$8<Q\leqslant12$	2
	$6<Q\leqslant8$	3
	$4<Q\leqslant6$	4
	$Q\leqslant4$	5
	30	
	$Q>18$	1
	$12<Q\leqslant18$	2
	$9<Q\leqslant12$	3
	$6<Q\leqslant9$	4
	$Q\leqslant6$	5

续表4-9

探测器的保护面积/m²	梁隔断的梁间区域面积 Q/m²		一只火灾探测器保护的梁间区域的个数/个
感烟火灾探测器	60	$Q>36$	1
		$24<Q\leqslant36$	2
		$18<Q\leqslant24$	3
		$12<Q\leqslant18$	4
		$Q\leqslant12$	5
	80	$Q>48$	1
		$32<Q\leqslant48$	2
		$24<Q\leqslant32$	3
		$16<Q\leqslant24$	4
		$Q\leqslant16$	5

2）火灾探测器至墙，至梁边的水平距离不应小于0.5 m。

3）火灾探测器周围0.5 m内不应有遮挡物。

4）火灾探测器至空调送风口边的水平距离不应小于1.5 m。

5）当房屋顶部有热屏障时，感烟火灾探测器下表面至顶棚（或屋顶）的距离 d 应当符合表4-10的规定。

表4-10　感烟火灾探测器下表面至顶棚（或屋顶）的距离

探测器的安装高度 h/m	感烟火灾探测器下表面至顶棚（或屋顶）的距离 d/mm					
	$\theta\leqslant15°$		$15°<\theta\leqslant30°$		$\theta>30°$	
	最小	最大	最小	最大	最小	最大
$h\leqslant6$	30	200	200	300	300	500
$6<h\leqslant8$	70	250	250	400	400	600
$8<h\leqslant10$	100	300	300	500	500	700
$10<h\leqslant12$	150	350	350	600	600	800

注：θ 为顶棚（或屋顶）坡度。

屋顶受热辐射作用或其他因素影响在顶棚上可能产生空气滞流层，从而形成热屏障。火灾时，这些热屏障将在烟雾和气流通向火灾探测器的道路上形成障碍作用，影响火灾探测器的可靠性。同样，带有金属屋顶的仓库，夏天屋顶下边的空气可能被加热而形成热屏障，使得烟雾在热屏障下边开始分层。而冬天，降温作用也会妨碍烟雾的扩散。这些因素都影响火灾探测器的灵敏度，而且这种影响通常还与顶棚或屋顶形状以及安装高度有关。所以，通常按照表4-10规定的感烟火灾探测器下表面与顶棚间的必要距离安装感烟火灾探测器就可以减小这种影响。应当指出，感温火灾探测器通常受这种热屏障的影响极小，所以总是直接安装在顶棚上。

6)火灾探测器宜水平安装。如必须倾斜安装，其安装倾斜角，即屋顶坡度不应大于 45°。

7)在顶棚低矮的居室(高度在 2.5 m 以下)或狭窄居室(面积小于 40 m²)内，感烟火灾探测器应安装在入口附近。

8)在宽度小于 3 m 的走道顶棚安装火灾探测器时，宜居中布置，感温火灾探测器的安装间距不应超过 10 m，感烟火灾探测器的安装间距不应超过 15 m。火灾探测器至端墙的距离不应大于火灾探测器安装间距的一半。

9)对于电梯井、升降井、管道井等，可只在井道上方的机房顶棚上安装一只感烟火灾探测器。

10)在楼梯间或倾斜坡式走道中，可按垂直距离每 15 m 高处安装一只火灾探测器。

11)在无吊顶的大型桁架结构仓库中，应采用管架将火灾探测器悬挂安装，其下垂高度按实际需要确定；当选用感烟火灾探测器时，还应加装集烟罩。

12)房间被书架、设备或隔断等分隔，其分隔物顶部至房间顶棚或梁的距离小于房间净高的 5% 时，则每个被分隔开的部分应至少安装一只火灾探测器。

思考题

1.探测火灾信息主要有哪些方法？衡量火灾探测器的性能指标有哪些？

2.什么是离子感烟探测器？何为光电感烟探测器？二者的工作原理有何不同？

3.简述选用火灾探测器的一般原则。

4.简述火灾探测器的安装规则。

第5章

消防联动控制

5.1 消防控制室及其技术要求

日渐智能化的火灾自动报警系统，大多具有消防设备联动功能，而消防控制室作为专门用于接收、显示、处理火灾报警信号，控制相关消防设施的场所，它是处理火灾的信息指挥中心，是火灾自动报警系统中必不可少的一部分。因此，具有消防联动功能的火灾自动报警系统的保护对象中都应设置消防控制室。

5.1.1 消防控制室的设置依据

消防控制室的设置依据主要参照《火灾自动报警系统设计规范》(GB 50116—2013)、《建筑设计防火规范(2018 年版)》(GB 50016—2014，2018 年版)、《人民防空工程设计防火规范》(GB 50098—2009)，其中规定：

①具有消防联动功能的集中报警系统和控制中心报警系统需设置消防控制室。

②设有自动灭火装置的建筑宜设消防控制室。

③封闭段长度超过 1000 m 的隧道宜设置消防控制室。

④设有火灾自动报警装置、自动喷水灭火系统和机械防烟排烟设备的人防工程应设置消防控制室。

5.1.2 消防控制室的构成

在消防控制室里设置的设备主要为消防控制设备，其中主要包括火灾报警控制器、消防联动控制器、消防控制室图形显示装置、消防专用电话总机、消防应急广播控制装置、消防应急照明和疏散指示系统控制装置、消防电源监控器、电梯回降控制装置等设备或具有相应功能的组合设备。

114

按照消防法规中的明确规定，消防控制室内除了应设置的消防控制设备外，还应有针对消防控制室的管理制度，其中包括消防管理组织和消防科学管理。

消防管理组织是消防法中防火安全责任制的具体落实。在工程验收时应配备消防控制室的值班、维修管理人员，特别是火灾监控系统的操作人员，这些人员上岗前应经过消防专业培训，熟练掌握系统的工作原理和操作规程，并在消防监督机关考试中达到合格水平。

消防科学管理是根据单位的性质、建筑规模和有关系统的行管规定制定的消防控制室管理制度。消防管理制度应征求当地消防监督机关的意见，向当地消防机关备案，通过管理制度把消防控制室的消防控制设备和消防管理人员有机地联系起来。

5.1.3　消防控制室的技术要求

在《建筑设计防火规范(2018 年版)》(GB 50016—2014, 2018 年版)、《火灾自动报警系统设计规范》(GB 50116—2013)及《消防控制室通用技术要求》(GB 25506—2010)中对消防控制室的技术要求都有明确的规定，其中包括消防控制室的设置要求、防火性能、控制方式、供配电方式及消防控制室管理等。

(1)消防控制室的设置要求。

消防控制室内经常有值班人员活动，因此消防控制室内的设备设置应考虑到不能影响值班人员查看、维修等一系列工作，根据规定，消防控制室的设置及内部设备布置有以下要求：

①在设有火灾报警系统和自动报警系统及自动灭火或消防联动控制设备的单体高层住宅内，宜在首层设置消防控制室。

②消防控制室应设置在首层主要出入口附近出入方便的地方。

③消防控制室的门应向疏散方向开启，且应在出入口处设置明显的标志。

④消防控制室不应设在厕所、浴室、锅炉房、变压器室的隔壁，以及上、下层相对应的房间内。

⑤设备面盘前的操作距离，单列布置时不应小于 1.5 m，双列布置时不应小于 2.0 m。

⑥在值班人员经常工作的一面，设备面盘至墙的距离不应小于 3.0 m。

⑦设备面盘后的维修距离不宜小于 1.0 m。

⑧设备面盘的排列长度大于 4.0 m 时，其两端应设置宽度不小于 1.0 m 的通道。

⑨火灾报警控制器和消防联动控制器应设置在消防控制室内或有人值班的房间和场所，其安装在墙上时，其主显示屏高度宜为 1.5~1.8 m，其靠近门轴的侧面距墙不应小于 0.5 m，正面操作距离不应小于 1.2 m。

⑩与建筑其他弱电系统合用的消防控制室内，消防设备应集中设置，并应与其他设备间有明显间隔。

⑪消防控制室的最小使用面积不宜小于 3 m^2。

(2)消防控制室作为火灾自动报警系统的核心部分，是火灾时灭火及人员疏散指挥中心，在发生火灾时，需保证消防控制室能够正常工作，因此其防火安全性能尤为重要，应符合以下规定：

①消防控制室的送、回风管在其穿墙处应设防火阀。

②消防控制室内严禁与其无关的电气线路及管路穿过。

③单独建造的消防控制室，其耐火等级不应低于二级。

④当消防控制室设置在建筑物的地下一层时，应采用耐火极限不低于2.0 h的隔墙和不低于1.5 h的楼板与其他部位隔开，并应设置直通室外的安全出口。

(3)消防控制设备应根据建筑的形式、工程规模、管理体制及功能要求综合确定其控制方式，一般分为集中控制和分散与集中相结合控制两种，并应符合下列规定：

①单体建筑宜集中控制。即在消防控制室集中接收、显示报警信号，控制有关消防设备、设施，并接收、显示其反馈信号。

②大型建筑群宜采用分散与集中相结合控制方式。即可以集中控制的应尽量由消防控制室控制，不宜集中控制的，则采取分散控制方式，但其操作信号应反馈到消防控制室。该控制方式通常是由于控制对象特别多，或大型建筑群控制位置分散，为使控制系统简单，减少控制信号的部位显示编码数和控制传输导线的数量，所以采用分散与集中相结合的方式，其要求控制执行机构反馈信号送到消防中心控制室集中显示。对于火灾事故广播、警报装置、电梯及消防通信设备，应由消防控制室集中控制。

(4)根据规范的规定，消防控制设备的控制电源及信号回路电压应采用直流24 V。

(5)消防控制室对设备的控制功能通常需符合《火灾自动报警系统设计规范》(GB 50116—2013)中的规定，具体如下：

①自动控制消防设备的启、停，并显示其工作状态。

②手动直接控制消防水泵、防烟排烟风机的启、停。由工作人员直接控制水泵和风机的启、停；为保证启、停安全可靠，其控制线路应单独敷设，不宜与报警模块挂在同一个回路上。

③可显示火灾报警、故障报警的部位。

④应显示被保护建筑的重点部位、疏散通道及消防设备所在位置的平面图或模拟图。

⑤可显示系统供电电源的工作状态。

⑥消防控制室应设置火灾警报装置与应急广播的控制装置。

(6)消防控制室内除了需要控制联动消防设备，同时还需要有一系列的消防控制室管理章程和应急程序以及发生火情后对信息的记录、存档资料，这样才能保证火灾发生时能够有条不紊地处理险情，保障人们的生命财产安全。

①消防控制室管理章程。

a.实行每日24 h专人值班制度，每班持有消防控制室操作职业资格证书的值班人员不应少于2人。

b.应确保火灾自动报警系统、灭火系统和其他联动控制设备处于正常工作状态，不得将应处于自动状态的设为手动状态。

c.确保高位消防水箱、消防水池、气压水罐等消防储水设施水量充足，确保消防泵出水管阀门、自动喷水灭火系统管道上的阀门常开；确保消防水泵、防排烟风机、防火卷帘等消防用电设备的配电柜开关处于自动(接通)位置。

②消防控制室应急程序。

a. 接到火灾警报后，消防控制室必须立即以最快方式确认。

b. 火灾确认后，消防控制室必须立即将火灾报警联动控制开关转入自动状态(处于自动状态的除外)，同时拨打"119"报警。报警时应说明火灾地点、起火部位、着火物种类和火势大小，并留下报警人姓名和联系电话。

c. 值班人员应立即启动单位内部应急灭火、疏散预案，并应同时报告单位负责人。

③消防控制室信息记录。

a. 应记录建筑消防设施运行状态信息，存储记录容量不应少于10000条，记录备份后方可被覆盖。

b. 应记录产品维护保养的内容和时间、系统程序的进入和退出时间、操作人员姓名或代码等内容，存储记录容量不应少于10000条，记录备份后方可被覆盖。

c. 应记录消防安全管理信息及系统内各个消防设备(设施)的制造商、产品有效期，存储记录容量不应少于10000条，记录备份后方可被覆盖。

④应能对历史记录打印归档或刻录存盘归档。

(7)消防控制室应具有显示功能，其主要靠消防控制室内的图形显示装置实现，其要求如下：

①应能显示消防控制室内有关管理信息。

②应能用同一界面显示建(构)筑物周边消防车道、消防登高车操作场地、消防水源位置，以及相邻建筑的防火间距、建筑面积、建筑高度、使用性质等情况。

③应能显示消防系统及设备的名称、位置和各个消防系统的动态信息。

④当有火灾报警信号、监管报警信号、反馈信号、屏蔽信号、故障信号输入时，应有相应状态的专用总指示，在总平面布局图中应显示输入信号的建筑物的位置，在建筑平面图上应显示输入信号所在的位置和名称，并记录时间、信号类别和部位等信息。

⑤应在10 s内显示火灾报警信号、反馈信号输入的状态信息，应在100 s内显示其他信号输入的状态信息。

⑥应采用中文标注和中文界面的消防控制室图形显示装置，界面对角线长度不应小于430 mm。

⑦应能显示可燃气探测报警系统、电气火灾监控系统的报警信息、故障信息和相关联动反馈信息。

(8)在火灾发生时，消防控制室内的消防设备、通信设备需符合以下规定：

①消防控制室与消防泵房、主变配电室、通风排烟机房、电梯机房、区域报警控制器(或楼层显示器)及固定灭火系统操作装置处应设固定对讲电话。

②启泵按钮、报警按钮处宜设置可与消防控制室对讲的电话塞孔。

③消防控制室内应设置可向当地公安消防部门直接报警的外线电话。

除此之外，在火灾确认后，切断有关部位的非消防电源，并接通火灾事故应急照明和疏散标志灯。切断非消防电源的方式和时间很重要，一般切断电源时按着火楼层或防火分区的范围逐个进行，以减少因断电带来的不良后果。切断方式以人工居多，也可按程序自动切断。切断时间应考虑安全疏散，同时不能影响扑救，一般在消防队到场后进行。

5.2 消防控制设备及其功能

消防控制室负责整个建筑内的火灾监测和消防指挥工作，它要控制消防设备及报警设备，而消防控制设备需对室内消火栓系统、水灭火系统、管网气体灭火系统、泡沫灭火系统、干粉灭火系统、常开防火门、防火卷帘及防排烟具有控制和显示功能，其需要满足《火灾自动报警系统设计规范》(GB 50116—2013)中的相关规定。

1. 消防控制设备对室内消火栓系统的控制、显示功能

室内消火栓系统是建筑内最基本的灭火系统，其控制、显示功能应符合以下几点要求：

①控制消防水泵的启、停。
②显示消防水泵的工作、故障状态。
③显示启泵按钮的位置。

2. 消防控制设备对自动喷水灭火系统和水喷雾灭火系统的控制、显示功能

据美国、澳大利亚等国家的统计，自动喷水灭火系统的灭火率可达到96%，是建筑火灾中使用最广泛的灭火系统，其和水喷雾灭火系统的控制、显示功能应符合以下规定：

①控制系统的启、停。
②显示消防水泵的工作、故障状态。
③显示水流指示器、报警阀、安全信号阀的工作状态。

3. 消防控制设备对管网气体灭火系统的控制、显示功能

管网气体灭火系统用于建筑物内怕水而又比较重要的对象，常见的管网气体灭火系统有二氧化碳灭火系统、卤代烷灭火系统等。根据规范要求，其在消防控制室的消防控制设备上的控制、显示功能应符合以下规定：

①显示系统的手动、自动工作状态。
②在报警、喷射各阶段，控制室应有相应的声、光警报信号，并能手动切除声响信号。
③在延时阶段，应自动关闭防火门、窗，停止空调通风系统，关闭有关部位的防火阀。
④显示气体灭火系统防护区的报警、喷放及防火门(帘)、通风空调等设备的状态。

4. 消防控制设备对泡沫灭火系统的控制、显示功能

规范中规定，消防控制室设备对泡沫灭火系统的控制和显示功能应符合以下几点要求：

①控制泡沫泵及消防水泵的启、停。
②显示系统的工作状态。

5.消防控制设备对干粉灭火系统的控制、显示功能

规范中规定，其应符合以下几点要求：
①控制系统的启、停。
②显示系统的工作状态。

6.消防控制设备对常开防火门的控制

规范中规定，消防控制设备对常开防火门的控制应符合以下几点要求：
①门任一侧的火灾探测器报警后，防火门应自动关闭。
②防火门关闭信号应送到消防控制室。

7.消防控制设备对防火卷帘的控制功能

规范中规定，消防控制设备对防火卷帘的控制应符合以下几点要求：
(1)疏散通道上的防火卷帘两侧应设置火灾探测器组与其报警装置，且两侧应设置手动控制按钮。
(2)疏散通道上的防火卷帘应按下列程序自动控制下降：
①感烟火灾探测器动作后，卷帘下降距地(楼)面 1.8 m。
②感温火灾探测器动作后，卷帘下降到底。
(3)用作防火分隔的防火卷帘，火灾探测器动作后，卷帘应下降到底。
(4)感烟、感温火灾探测器的报警信号及防火卷帘的关闭信号应送至消防控制室。

8.消防控制设备对防排烟的控制、显示功能

火灾报警后，消防控制设备对防排烟的控制、显示功能应符合以下规定：
①停止有关部位的空调送风，关闭电动防火阀，并接收其反馈信号。
②启动有关部位的防烟和排烟风机、排烟阀等，并接收其反馈信号。
③控制挡烟垂壁等防烟设施。

5.3　水灭火系统的联动控制

在建筑物内一般常用的水灭火系统有室内消火栓系统和自动喷水灭火系统。根据《火灾自动报警系统设计规范》(GB 50116—2013)中的规定，火灾自动报警系统需对水灭火系统具有联动控制的功能，即在火灾确认后，手动或自动启动联动控制功能。

5.3.1　室内消火栓系统的联动控制

室内消火栓系统是建筑物内最基本的灭火系统，它包括消防给水设备(其中包括水枪、消火栓、给水管网、水泵和阀门等)和电控部分(包括消火栓报警按钮、启泵按钮、消防中心启泵装置和消防控制柜等）。室内消火栓系统又可分为常高压消火栓系统和临时高压消火栓系统。

1. 室内消火栓系统的灭火原理

室内消火栓系统中临时高压消防给水系统是最为常用的消防给水方式。该系统中设有消防泵和高位消防水箱，发生火灾时，现场人员可打开消火栓箱，将水带与消火栓栓口连接，打开消火栓阀门，在使用时，系统内出水干管上的低压压力开关、高位消防水箱出水管上设置的流量开关和报警阀压力开关等的动作信号直接连锁启动消火栓泵，为消防管网持续供水。一般高位消防水箱提供火灾初期前 10 min 的灭火用水量。

2. 室内消火栓系统联动控制

（1）室内消火栓系联动控制原理。

当发生火灾时，现场人员打开消火栓箱，打开消火栓阀门后按下消火栓按钮，消火栓按钮的动作信号就会发送到消防联动控制器上，消防联动控制器确认其动作信号后，联动消防泵启动，消防泵的动作信号反馈至消防控制室，并在消防联动控制器上显示。室内消火栓灭火系统控制原理如图 5-1 所示。

（2）消防泵控制原理。

手动消防按钮的报警信号送入系统的消防控制中心后，消防泵控制屏（或控制装置）产生手动或自动信号直接控制消防泵，同时接收水位信号器返回的水位信号，一般消防泵的控制都经消防控制室来联动控制。消防泵的联动控制逻辑图如图 5-2 所示。

①消防泵的电气控制。

消防泵电气控制主要是指火灾发生时对消火栓灭火系统所属消防水泵（恒压泵、加压泵等）的控制，其控制原理图如图 5-3 所示。

当建筑物超过一定高度时，消火栓灭火系统将采用分区给水的方式，如高、中、低三区。每个供水区都应按上述要求设置独立的消火栓给水系统。

②消防泵的启泵方式。

a. 连锁控制方式。消火栓使用时，应将消火栓系统出水干管上设置的低压压力开关、高位消防水箱出水管上设置的流量开关或报警阀压力开关等信号作为触发信号，直接控制启动消火栓泵，联动控制不应受消防联动控制器处于自动还是手动状态影响。

b. 联动控制方式。当设置火灾自动报警系统时，消火栓按钮的动作信号与任一火灾探测器或手动报警按钮报警信号的"与"逻辑作为启动消火栓泵的联动触发信号，由消防联动控制器联动控制消火栓泵的启动，该方式可减少布线量和线缆的使用量，提高整个消火栓系统的可靠性。

c. 手动控制方式。在设置火灾自动报警系统时，应将消火栓泵控制箱（柜）的启动、停止按钮用专用线路直接连接至设置在消防控制室内的消防联动控制器的手动控制盘，通过手动控制盘直接手动控制消火栓泵的启动和停止。

③消防泵的工作方式。

a. 一用一备（一台工作，一台备用）工作方式。当室内消火栓灭火系统与自动喷水灭火

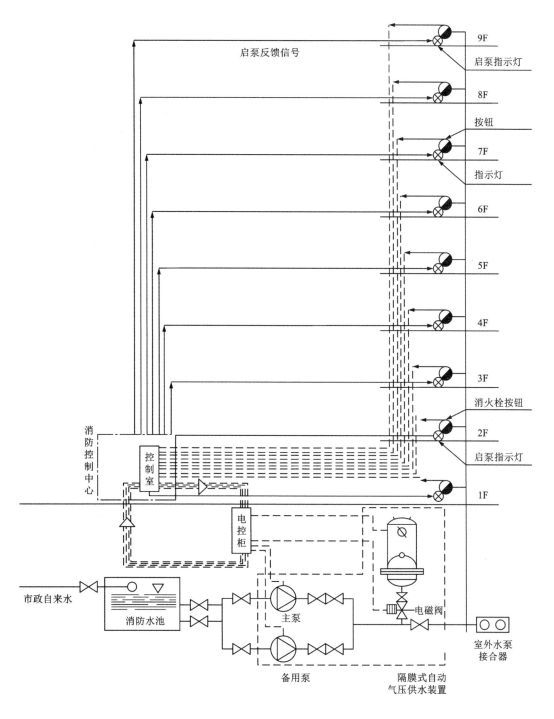

图 5-1 室内消火栓灭火系统控制原理图

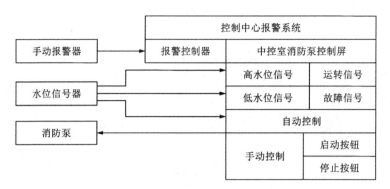

图 5-2 消防泵联动控制逻辑图

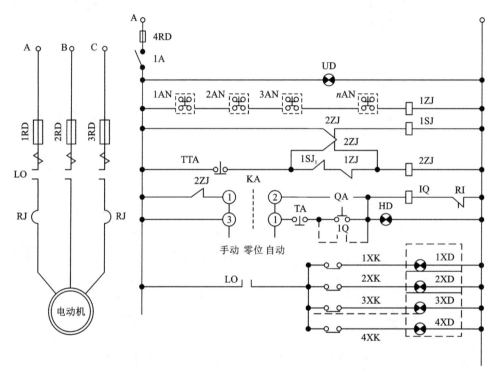

图中：

AN—室内消火栓中的消防按钮。

LO—接触器。

XD—信号灯, 信号灯亮时, 可指示何处消火栓已开始工作。

AN 是室内消火栓中的消防按钮, 各保护区域(楼层)消防按钮一般串联相接, 构成"或"逻辑条件去启动消防泵, 即只要建筑物内任意一个区域出现火灾, 驱动消防按钮就可使消防泵启动。

XK 是各个消火栓内被喷水枪枪压住的限位开关, 拿起水枪, XK 限位开关闭合, 使安装在消防中心控制屏上的信号灯(XD)点亮, 指示何处消火栓已开始工作。

图 5-3 消防泵电气控制原理图

系统都有各自专用的供水水泵和配水管网时使用该工作方式。

b. 多用一备(多台工作,一台备用)工作方式。当室内消火栓灭火系统和自动喷水灭火系统各自有专用的配水管网,但供水水泵却共用时使用该工作方式。

④中途接力泵。

在超高层建筑物中,为了弥补室内消火栓灭火系统消防水泵扬程有限的不足,或为了达到降低消防水泵单台容量以减少自备应急柴油发电机组的额定容量的目的,常在室内消火栓灭火系统中设置中途接力泵,其级数视建筑物高度而定。设有中途接力泵的消火栓系统如图 5-4 所示。

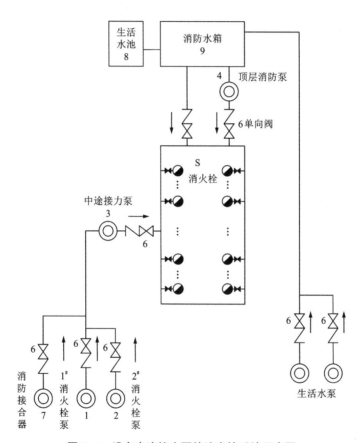

图 5-4　设有中途接力泵的消火栓系统示意图

当发生火灾时,按下消火栓按钮以立即启动顶层消防泵并向消防控制中心及就地发出声光报警信号,此时喷出的消防用水由上层水箱经顶层消防泵供给,上层消防水箱水位很快下降,当降到危险水位时,则由水位信号检测器启动底层消防泵,并经短暂延时后启动中途接力泵。底层消防泵和中途接力泵运行后,顶层消防泵将停止运行,消火栓系统用水将由底层消防泵和中途接力泵直接注入。

一般在水泵接合器旁应设有消防按钮,在其玻璃打碎后能够直接启动中途接力泵。

通常在屋顶设置试验消火栓,通过测试试验消火栓水枪是否达到 13 m 充实水柱来检验消火栓系统最不利点的水压是否能达到要求,同时也可验证消火栓系统的工作是否正常。

5.3.2 自动喷水灭火系统的联动控制

自动喷水灭火系统是目前世界上应用最广泛、用量最多、造价低廉的一种固定灭火设备。据美国、澳大利亚等国家统计,自动喷水灭火系统灭火成功率高达96%,主要应用于人员密集、不宜疏散、外部增援灭火与救生较困难的性质重要或火灾危险性较大的场所。自动喷水灭火系统由洒水喷头、报警阀组、水流报警装置、管道及供水设施组成。自动喷水灭火系统包括湿式自动喷水灭火系统、干式自动喷水灭火系统、预作用自动喷水灭火系统、雨淋系统、水幕系统和水喷雾灭火系统。其主要性能如表5-1所示。

表5-1 自动喷水灭火系统性能表

名称	适用场所	管道状态	喷头形式	报警阀类型	报警阀负责喷头数	反应速度及控制方式	特点
湿式	≥4℃且<70℃	有水	闭式	湿式	≤800	快;自启动	(1)自动对准火源; (2)自动启动系统; (3)系统简单,施工方便; (4)灭火成功率高; (5)使用范围广
干式	≤4℃或>70℃	无水、充气	闭式	干式	≤500(无排气装置≤250)	慢;自启动	(1)用于高、低温场所; (2)喷水延迟,灭火慢; (3)管道充气,密封要求高; (4)维护、管理难
预作用	不能有水渍	充气、报警后充水	闭式	预作用	≤500	中;他启动	(1)使用环境同干式,灭火效率高于干式; (2)适用于严禁漏水误喷场所; (3)管道充气、密封要求高; (4)投资最大
雨淋	火势发展迅猛;大空间	无水	开式	雨淋	根据保护面积确定	最快;他启动	(1)灭火速度最快; (2)防护区内全面喷水,用水量大
水幕	防火分隔;冷却分隔设备	无水/有水	开式/水幕喷头	与灭火系统的阀相同	—	他启动	(1)防火分隔; (2)冷却防火分隔设施
水喷雾	局部灭火或冷却	有水	闭式	—	—	他启动	(1)局部灭火; (2)冷却保护设备

注:他启动指由火灾探测报警系统启动,自启动指不需要火灾探测报警系统启动。

1. 湿式自动喷水灭火系统

在自动喷水灭火系统中，湿式自动喷水灭火系统是应用最广泛的一种，其组成主要包括闭式喷头、湿式报警阀组、水流指示器或压力开关、供水与配水管道及供水设施等。湿式自动喷水灭火系统在准工作状态下管道内会充满有压水。

（1）湿式自动喷水灭火系统的工作原理。

当发生火灾时，喷头的感温元件达到额定温度，发生破裂，喷头开启并开始喷水，管道内水开始流动，水流指示器动作，其动作信号传至联动控制器，由消防联动控制器显示该区域自动喷水灭火系统的动作信息。且由于持续喷水泄压造成湿式报警阀的上方水压低于下方水压，压力差导致湿式报警阀打开，此时压力水通过湿式报警阀流向管网，同时打开通向水力警铃的通道，延迟器充满水后水力警铃发出声响警报，压力开关动作并输出启动信号连锁启动消防泵为管网持续供水；压力开关的动作信号和消防泵的动作信号传至消防联动控制器，由消防联动控制器显示湿式报警阀和消防泵的动作信息。湿式自动喷水灭火系统工作流程图如图 5-5 所示。

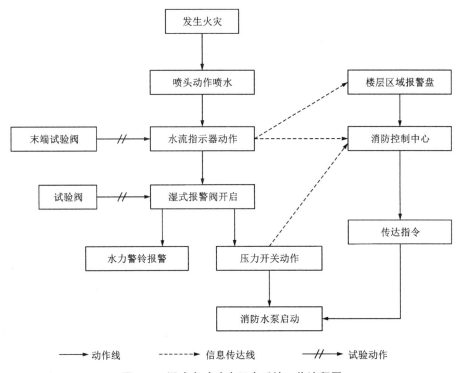

图 5-5　湿式自动喷水灭火系统工作流程图

末端试验阀是人工检查喷淋系统能否正常工作的装置，打开末端试验阀时，观察压力表读数，若压力表读数为 0.5 MPa，水流指示器可以发出动作，并且声光报警器能够发出报警信号，则说明该系统处于准工作状态。试验阀是湿式报警阀上的阀门，可用来人工检查湿式报警阀能否正常工作。打开试验阀，湿式报警阀开启，30 s后压力开关动作，一个短路信号经水泵控制器启动喷淋泵，启泵信号反馈到火灾报警控制器，压力开关的另一个短路信号模块送到火灾报警控制器，应能发出报警信号，同时水力警铃可发出响声。

(2)喷淋泵的联动控制。

水流信号和闸阀关闭动作信号送入系统后，喷淋泵控制器(屏)产生手动或自动信号直接控制喷淋泵，同时接收返回的水位信号，监测喷淋泵工作状态，实现集中联动控制。喷淋泵的联动控制逻辑图如图5-6所示。

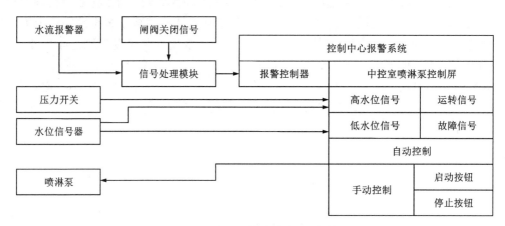

图 5-6 喷淋泵的联动控制逻辑图

①喷淋泵的启泵方式。

a.连锁控制方式。湿式报警阀压力开关的动作信号直接连锁启动消防泵向管网持续供水，这种连锁控制不应受消防联动控制器处于自动还是手动状态影响。

b.联动控制方式。为防止湿式报警阀压力开关至消防泵的启动线路因断路、短路等电气故障而失效，湿式报警阀压力开关的动作信号应同时传至消防联动控制器，与任一火灾探测器或手动报警按钮报警信号"与"逻辑作为系统的联动触发信号，由消防联动控制器通过总线模块冗余控制消防泵的启动。

c.手动控制方式。应将喷淋消防泵控制箱(柜)的启动、停止按钮用专用线路直接连接至设置在消防控制室内的消防联动控制器的手动控制盘，直接手动控制喷淋消防泵的启动、停止。如果发生火灾，消防联动控制系统在手动控制方式时，可以通过操作设置在消防控制室内联动控制器的手动控制盘直接启动供水泵。

d.水流指示器、信号阀、压力开关、喷淋消防泵启动和停止的动作信号反馈至消防联动控制器，由消防联动控制器显示。

②喷淋泵的工作方式。

a.一用一备工作方式。一台正常工作，一台作为备用，其电气控制方式类似于消火栓泵。

b.三泵制工作方式。两台为压力泵，一台为恒压泵(或称补压泵)。压力泵采用一用一备，每台压力泵出水管中都接有压力开关。恒压泵的功率很小，为1~2 kW，其作用是使消防管网中水压保持在一定范围内,此时自动喷水灭火系统管网不得与自来水或高位水池相连,高位消防用水来自消防储水池。当管网中的水由于渗漏压力降低到 90% Pe(额定压力值)时,恒压泵出水管所接的压力开关(压力继电器)动作,其接点信号经电气控制箱控制恒压泵启动补压;在达到 100% Pe(额定压力值)后,所接压力开关断开恒压泵控制回路,使恒压泵停止运行。

恒压泵的工作原理:平时管网内水压由恒压泵维持,在火灾发生后,由于水喷头炸裂喷水,管网压力下降严重,虽然有恒压泵启动也无济于事,压力还是迅速下降,降到一定数值时,控制主压力泵的压力开关动作,主压力泵启动补充消防用水。如果火势大,喷头炸裂多,喷水多,虽然主压力泵启动,管网压力还是继续下降,当降至另一数值时,控制副压力泵的压力开关动作,副压力泵启动,三台泵同时向管网补充消防用水,以满足喷头喷水的需要。

三泵制自动喷水灭火系统电气控制图如图 5-7 所示。

2. 干式自动喷水灭火系统

干式自动喷水灭火系统的基本组成主要包括水源、加压设施、稳压设施、压力气源、报警装置、管网及闭式喷头等部分,其与湿式自动喷水灭火系统不同的是采用干式报警阀组、干式下垂型喷头或直立型喷头,管道内充气。警戒状态下,为维持系统侧的气压与干式报警阀入口前供水侧的压力平衡,需要配置补气设施和压力表,使系统侧管道内充空气或氮气等有压气体。当火灾报警控制器检测到管道气体压力降低到设定值下限时,启动充气设备对管道充气;当气体压力达到设定值上限时,充气设备停止对管道充气。

当发生火灾时,闭式喷头打开、放气,系统侧的气压降低,干式报警阀两侧的气压和水压失去平衡,压力水进入系统侧管道,水流指示器动作,且输出信号向火灾报警控制器报告起火区域。电动阀打开,使管道内气体尽快通过电动阀、快速排气阀排气,同时向管网充水。干式报警阀打开的同时水流动,压力开关动作,启动喷淋泵和水力警铃报警,系统进入持续喷水、灭火阶段。干式自动喷水灭火系统工作原理框图如图 5-8 所示。

干式自动喷水灭火系统的联动控制设计和湿式自动喷水灭火系统类似。

3. 预作用自动喷水灭火系统

预作用自动喷水灭火系统由闭式喷头、预作用报警阀组、水流报警装置、供水与配水管道、充气设备和供水设施等组成。其在准工作状态下处于充气状态,是干式系统;当发生火灾时,系统自动开启预作用报警阀组,转换为湿式系统。预作用自动喷水灭火系统既克服了系统因漏水或误喷造成水渍污染的缺点,又能保留湿式灭火系统的优点,但投资较大。

当发生火灾时,火灾自动报警系统确认火灾报警信号后,联动控制开启预作用系统的电磁阀、开启排气控制阀,预作用阀开启,水力警铃报警,此时预作用系统充水,系统由干式转换为湿式,水流指示器动作;喷头开启并开始喷水,压力开关动作,信号传至消防联动控制器,启动消防泵。其工作原理框图如图 5-9 所示。

预作用自动喷水灭火系统有以下几个特点:

①将行之有效的湿式喷水灭火系统与电子报警技术和自动化技术紧密地结合起来,进

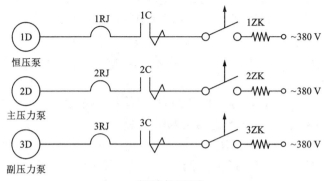

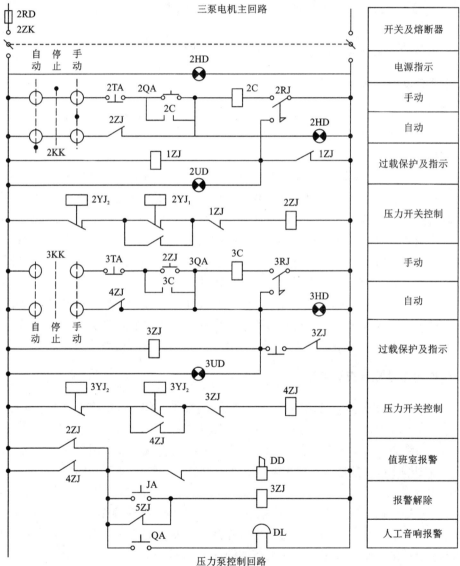

图5-7 三泵制自动喷水灭火系统电气控制图

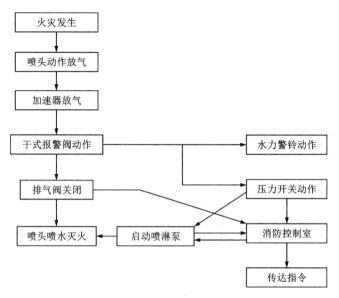

图 5-8　干式自动喷水灭火系统工作原理框图

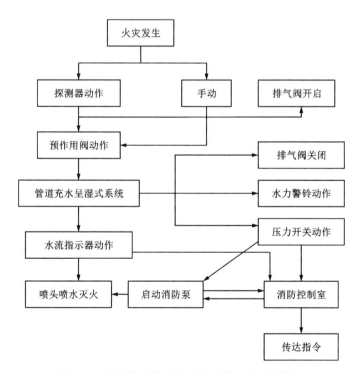

图 5-9　预作用自动喷水灭火系统工作原理框图

一步提高了系统的安全可靠性。

②与湿式系统相比，本系统有早期报警装置，能在火灾发生之前及时报警，可以立即组织灭火，而湿式系统必须在喷水报警后才能察觉火警。

③充气的预作用系统可以配合自动监测装置发现系统中是否有渗漏现象，以提高系统的安全可靠性。

④预作用系统也适用于干式系统适用的场所，且克服了干式系统动作滞后的缺点。

4. 雨淋系统

对于火灾水平蔓延速度快和闭式喷头不适合使用的场所，可采用雨淋系统。雨淋系统的组成主要包括开式喷头、雨淋阀组、水流报警装置、供水与配水管道和供水设施等。

在准工作状态下，雨淋报警阀前的管道充满有压水，雨淋报警阀后的管道内没有水，管道上装有开式喷头。发生火灾时，由火灾自动报警系统或传动管控制，自动开启雨淋报警阀和供水泵，向系统管网供水，由雨淋阀控制的开式喷头同时喷水。其工作原理框图如图 5-10 所示。

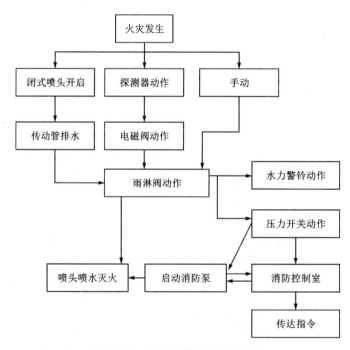

图 5-10 雨淋系统工作原理框图

（1）传动管控制系统。

①易熔锁封的钢索绳装置，其工作原理：当易熔锁封受热熔化脱开后，传动阀自动开启，传动管排水，传动管内压力降低，自动开启雨淋阀。

②带闭式喷头的传动管系统，其工作原理：闭式喷头作为感温元件探测火灾，任一只喷头开启，传动管内水压降低，即可开启雨淋阀。传动管应高于雨淋阀，为防止静水压对

雨淋阀缓开产生影响，静水压不应超过雨淋阀前水压的1/4。

③电动控制装置，其工作原理：火灾发生时，由火灾探测器报警信号直接开启雨淋阀的电磁排水阀排水，使雨淋阀自动开启。

（2）控制方式。

①联动控制方式。

由同一报警区域内两只及以上独立的感温火灾探测器或一只感温火灾探测器和一个手动报警按钮的报警信号作为雨淋阀组开启的联动触发信号。由消防联动控制器控制雨淋阀组的开启。

②手动控制方式。

将雨淋消防泵控制箱（柜）的启动和停止按钮、雨淋阀组的启动和停止按钮，用专用线路直接连接至设置在消防控制室内的消防联动控制器的手动控制盘，直接手动控制雨淋消防泵的启动、停止和雨淋阀组的开启。

③消防泵的连锁控制方式。

雨淋阀压力开关的动作信号直接连锁启动消防泵向管网持续供水，这种联动控制不应受消防联动控制器处于自动或手动状态的影响。

5. 水幕系统

水幕系统的组成一般包括开式洒水喷头或水幕喷头、雨淋报警阀组或感温雨淋阀、供水与配水管道、控制阀及水流报警装置等。水幕系统不直接用来扑灭火灾，而是用作防火隔断（利用密集喷洒的水墙或水帘阻火挡烟）或进行防火分区及局部降温保护，一般情况下，多与防火幕或防火卷帘配合使用。水幕系统一般用于大空间场所，既不能用作防火墙，又无法用作防火幕和防火卷帘，只能用作防火分隔或进行防火分区划分。

在准工作状态下，由消防水箱或稳压泵、气压给水设备等稳压设施维持管道内充水的压力。当发生火灾时，由火灾自动报警系统联动开启雨淋报警阀组合供水泵，向系统管网和喷头供水。

其联动控制设计如下：

①联动控制方式。当用于防火卷帘的保护时，应由防火卷帘下落到楼板面的动作信号与该报警区域内任一火灾探测器或手动报警按钮的报警信号作为水幕阀组的联动触发信号，并应由消防联动控制器联动控制水幕系统相关控制阀组的启动；当用作防火分隔时，应由该报警区域内两只独立的感温火灾探测器的火灾报警信号作为水幕阀组启动的联动触发信号，并应由消防联动控制器联动控制水幕系统相关控制阀组的启动。

②手动控制方式。应将水幕系统相关控制阀组和消防泵控制箱（柜）的启动、停止按钮用专用线路直接连接至设置在消防控制室内的消防联动控制器的手动控制盘，直接手动控制消防泵的启动、停止和水幕系统相关控制阀组的开启。

③消防泵的连锁控制方式。水幕系统相关控制阀组压力开关的动作信号直接连锁启动消防泵向管网持续供水，这种连锁控制不应受消防联动控制器处于自动或手动状态的影响。

6. 水喷雾灭火系统

水喷雾灭火系统与雨淋系统在结构上相似，不同的是水喷雾灭火系统采用的是可喷出锥形水雾的水雾喷头，而不是开式洒水喷头。水喷雾是水在喷头内直接经历冲撞、回转和搅拌后再喷射出来的细微水滴，在灭火时它不像柱状喷水那样有巨大的冲击力而具有破坏性，而是具有较好的冷却、窒息与电绝缘效果。水喷雾灭火系统可用于扑救固体火灾、闪点高于60℃的液体火灾和电气火灾，并可用于可燃气体和甲、乙、丙类液体的生产、储存装置和装卸设施的防护冷却。

水喷雾灭火系统的特点：

①水雾喷头的工作压力高，喷出的水雾液滴粒径小，喷出的水雾呈现不连续间断状态，因此，具有良好的电绝缘性。水雾良好的电绝缘性能使水喷雾灭火系统可用于扑救电气火灾。

②水雾的表面积大，吸热效果好，排斥空气、窒息燃烧的作用强。喷向燃烧液体的水雾，不仅可使其乳化或稀释，加强灭火进程，而且不致引起液滴的飞溅。

③水雾喷头必须具有足够的强度，一定的耐蚀性和耐热性。其制作材料一般为黄铜、青铜和不锈钢。

5.4 防排烟系统的联动控制

发生火灾时，烟气将伴随着物质的燃烧不断释放，而烟气通常具有有毒、高温、能见度低的特点，对人体损害极大，可直接威胁被困人员的人身安全。据统计，70%被困人员在火场中死亡的原因是吸入烟气导致窒息或中毒。而在发生火灾时，烟气可通过建筑内各种通风管道、空调系统管道及竖井、楼梯间、电梯井等空间蔓延，因此为阻止烟气进入疏散通道，设置防排烟系统对保障人员生命安全至关重要。

防排烟系统设备主要包括正压送风机、排烟风机、送风阀、排烟阀、防火卷帘、挡烟垂壁及防火门等。该设备可根据火灾现场情况进行手动或联动启动，当发生火灾时，打开排烟道上的排烟阀，启动排烟风机，同时下降防火卷帘及挡烟垂壁，关闭防火阀及防火门，开启正压送风机，增大疏散通道内的压力，以防止烟气进入。

5.4.1 防排烟系统控制过程

防排烟系统分为防烟和排烟，其均有自动和手动方式，其中自动排烟又称为机械排烟。防烟设备的作用是防止烟气侵入疏散通道，排烟设备的作用是消除烟气大量积累并防止烟气扩散到疏散通道。

1. 自动排烟控制

自动排烟控制一般有中心控制和模块控制两种方式。中心控制的控制过程为消防中心控制室接到火灾报警信号后，直接产生信号控制排烟阀门开启、排烟风机启动，空调、送风机、防火门等关闭，并接收各个设备的返回信号和防火阀动作信号，监测各个设备运行状态。中心控制方式框图如图 5-11 所示。

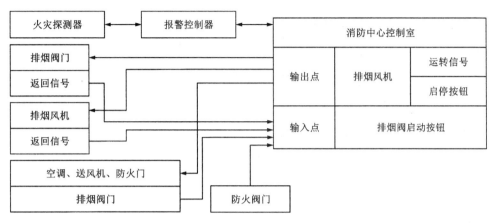

图 5-11　中心控制方式框图

模块控制过程为消防中心控制室接收到火灾报警信号后，产生排烟风机和排烟阀门等的动作信号，经总线和控制模块驱动各个设备动作并接收其反馈信号，监测其运行状态。模块控制方式框图如图 5-12 所示。

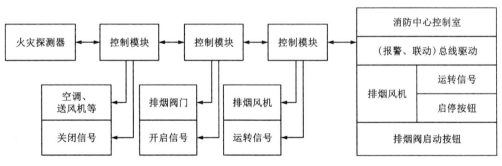

图 5-12　模块控制方式框图

发生火灾后其具体的触发过程有：

①消防控制器接收到两只及以上独立火灾探测器或者一只火灾探测器和一个手动报警按钮等设备的报警信号后，打开该防护区的排烟口和排烟阀，同时停止该防护区的空调送风系统。

②消防联动控制器接收到排烟口和排烟阀开启的反馈信号后，即输出联动控制信号启动排烟风机。

2. 自动防烟控制

自动防烟控制类似于自动排烟控制，但控制对象为加压送风机和加压送风口。

①消防控制器接收到感烟火灾探测器报警信号后，输出联动控制信号经控制模块打开该火灾楼层和相关楼层的加压送风口。

②消防联动控制器接收到两只及以上独立火灾探测器或一只火灾探测器和一个手动报警按钮等设备的报警信号后，输出一个触发信号，启动正压送风机。

③以电动挡烟垂壁附近的感烟火灾探测器的报警信号作为电动挡烟垂壁降落的触发信号。

3. 手动防排烟

①将防烟、排烟风机的启动、停止触点直接接到消防联动控制器的手动控制盘上，值班人员就可以通过手动控制盘手动操作防烟、排烟风机的启动、停止。

②电动防火阀、排烟口和排烟阀的关闭、开启反馈信号，防烟、排烟风机的启动、停止的反馈信号都应送到消防联动控制器，并在控制器上显示。

③排烟风机房入口处的排烟防火阀在280℃自熔关闭后直接联动控制风机停止运行，排烟阀和排烟风机的动作信号送到消防联动控制器，并在控制器上显示。

5.4.2　防排烟设备联动控制过程

防排烟设备主要包括加压送风机及排烟风机、送风阀及排烟阀、防火阀及排烟防火阀、防火门及防火卷帘等。

1. 加压送风机及排烟风机的联动控制

防排烟风机一般由三相异步电动机驱动，有轴流式和离心式两种。火灾经确认后，由手动或控制室控制，开启排烟风机以及与它连锁的排烟口，并立即关闭着火区和非着火区的空调通风系统的排风、回风系统。送风机(排烟机)电气控制原理图如图5-13所示。

2. 送风阀及排烟阀的控制

送风阀及排烟阀安装在建筑物的过道、防烟前室或无窗房间的防排烟系统中，用作排烟口或正压送风口。阀门常闭，当发生火灾时，阀门接收电动信号打开。送风阀及排烟阀的电动操作一般采用电磁铁，当电磁铁通电时即执行开阀操作，一般其控制方式有三种：

①消防控制中心火警联动控制。

②自启动控制，即自身温度熔断器工作实现控制。

③就地(现场)手动操作。

无论何种控制方式，在阀门打开后，信号回路便会接通，向控制室返回阀门已开启的信号或联动控制其他装置。

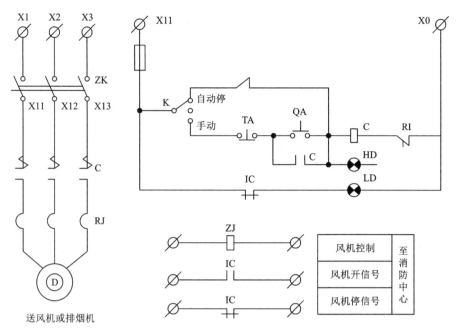

图 5-13　送风机(排烟机)电气控制原理图

3. 防火阀及排烟防火阀的控制

防火阀及排烟防火阀是常开的, 当发生火灾时, 随着烟气温度上升, 熔断器熔断使阀门自动关闭, 一般用在有防火要求的通风及空调系统的风道上。防火阀可用手动复位(打开), 也可用电动机构进行操作。电动机构通常采用电磁铁, 接受消防控制中心命令而关闭阀门, 其操作原理同排烟阀。排烟防火阀的工作原理与防火阀相似, 只是在结构上还有排烟要求。

4. 防火门及防火卷帘的控制

(1)防火门的控制。

防火门及防火卷帘都是防火分隔物, 有隔火、阻火、防止火势蔓延的作用。在消防工程应用中, 防火门及防火卷帘的动作通常都是与火灾监控系统连锁的, 其电气控制逻辑较为特殊, 是高层建筑中应该认真对待的被控对象。

防火门分为常开和常闭两种。常闭防火门在有人通过后, 可通过闭门器直接将门关闭, 不再需要联动。常开防火门平常处于开启状态, 其所在防火分区内的两只独立的火灾探测器或一只火灾探测器与一个手动火灾报警按钮的报警信号作为常开防火门关闭的联动触发信号。联动触发信号应由火灾报警控制器或消防联动控制器发出, 并应由消防联动控制器或防火门监控器联动控制防火门关闭。防火门的控制可采用手动或联动控制, 当采用联动控制时, 需要在防火门上配有相应的闭门器及释放开关。

防火门的工作方式按其固定方式和释放开关可分为两种:

①平时通电、火灾时断电的关闭方式。即防火门释放开关平时通电吸合，使防火门处于开启状态，火灾时通过联动装置自动控制或手动控制切断电源，由装在防火门上的闭门器使之关闭。

②平时不通电、火灾时通电的关闭方式。即通常将电磁铁、油压泵和弹簧制成一个整体装置，平时不通电，防火门被固定销扣住呈开启状态，火灾时受连锁信号控制，电磁铁通电将销子拔出，防火门靠油压泵的压力或弹簧力的作用而慢慢关闭。

防火门按耐火极限可分为三种：

①甲级防火门，其耐火极限不低于 1.5 h；

②乙级防火门，其耐火极限不低于 1.0 h；

③丙级防火门，其耐火极限不低于 0.5 h。

甲级防火门主要用于防火分区中，作为水平防火分区的分隔设施；乙级防火门主要用于疏散楼梯间的分隔；丙级防火门主要用于管道井等的检修门。

（2）防火卷帘的控制。

防火卷帘通常设置在建筑物中防火分区通道口外或需要防火分隔的部位，可以形成门帘式防火分隔。防火卷帘平时处于收卷（开启）状态，当火灾发生时受消防控制中心连锁控制或手动操作控制而处于降下（关闭）状态。

①对于疏散通道上的防火卷帘，其降落主要分为两个过程，其目的是便于火灾初期时人员疏散。

发生火灾时，防火卷帘根据消防控制中心的连锁信号（或火灾探测器信号）或就地手动操作控制，使卷帘首先下降至预定点（离地 1.8 m 处），此时是为了保障防火卷帘能及时动作，以起到防烟的作用，避免烟雾从此处扩散，同时又能保障人员疏散。经过一段时间延时后，卷帘降至地面，此时人员不再经此处疏散，当卷帘降至地面时，起到防火分隔的作用。该降落方式既不会阻碍人员疏散又可同时起到防火分隔的作用。其控制方式框图如图 5-14 所示。

为了保障防火卷帘在火势蔓延到防火卷帘前及时动作，也为了防止单只火灾探测器会因为故障无法动作，需在防火卷帘的任一侧距卷帘纵深 0.5~5 m 内设置不少于 2 只专门用于联动防火卷帘的感温火灾探测器，且防火卷帘两侧需设置手动控制按钮以用于手动控制防火卷帘升降。

②非疏散通道上的防火卷帘，可直接降落至地面。

非疏散通道上设置的防火卷帘大多仅用于建筑内的防火分隔，建筑共享大厅回廊楼层间等处设置的防火卷帘不具有疏散功能，仅用作防火分隔。此时应将防火卷帘所在防火分区内任两只独立的火灾探测器的报警信号作为防火卷帘下降的联动触发信号，由防火卷帘控制器联动控制防火卷帘直接降落至地面。

不管是疏散通道上的防火卷帘还是非疏散通道上的防火卷帘，其下降至 1.8 m 处和下降到地面时的动作信号和防火卷帘控制器直接连接的感烟、感温火灾探测器的报警信号，应反馈至消防联动控制器。

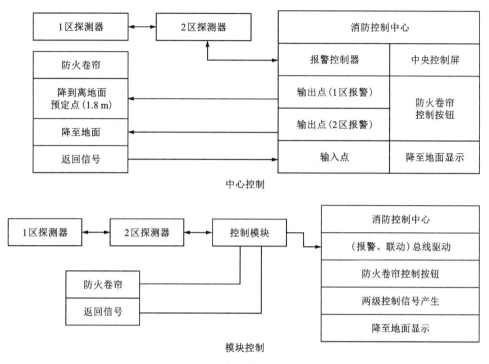

中心控制

模块控制

图 5-14　防火卷帘控制方式框图

5.5　其他消防系统联动控制

5.5.1　火灾应急广播系统

火灾应急广播是发生火灾或意外事故时指挥现场人员进行疏散和指挥施救人员如何控制、扑灭火灾的设备。

1. 火灾应急广播设置范围

《火灾自动报警系统设计规范》(GB 50116—2013)中规定：控制中心报警系统，应设置火灾应急广播系统，集中报警系统宜设置火灾应急广播系统。

在智能建筑和高层建筑内或已装有广播扬声器的建筑内设置火灾应急广播时，要求原有广播音响系统具备火灾应急广播功能。即当发生火灾时，无论扬声器当时处于何种工作状态，都应能紧急切换到火灾事故广播线路上。火灾应急广播的扩音机需专用，但可放置在其他广播机房内，在消防控制室应能对它进行遥控开启，并能在消防控制室直接用话筒播音。

一般火灾应急广播的线路需单独敷设,并应有耐热保护措施,当某一路的扬声器或配线短路、开路时,应仅使该路广播中断而不影响其他各路广播。火灾应急广播系统可与建筑物内的背景音乐或其他功能的大型广播音响系统合用扬声器,但应符合规范提出的技术要求。

2. 火灾应急广播的技术要求

按照规范的规定,火灾应急广播系统在技术上应符合以下要求。

(1)对扬声器设置的要求。

①火灾应急广播的扬声器应按照防火分区设置和分路。在民用建筑里,扬声器应设置在走道和大厅等公共场所,每个扬声器的额定功率不小于 3 W,其间距应保证从一个防火分区的任何部位到最近一个扬声器的步行距离不大于 25 m,走道末端扬声器距墙不大于12.5 m。

②在环境噪声大于 60 dB 的工业场所,设置的扬声器在其播放范围内最远点的声压应高于背景噪声的 15 dB。

③客房独立设置的扬声器,其功率一般不小于 1 W。

(2)火灾应急广播与其他广播(包括背景音乐等)合用时的要求。

①火灾时,应能在消防控制室将火灾疏散层的扬声器和公共广播扩音机强制转入火灾应急广播状态。

②消防控制室应能监控用于火灾应急广播时的扩音机的工作状态,并应具有遥控开启扩音机和采用传声器播音的功能。

③床头控制柜设有扬声器时,应有强制切换到火灾应急广播的功能。

④火灾应急广播应设置备用扩音机,其容量不应小于火灾应急广播扬声器最大容量总和的 1.5 倍。背景音乐系统广播播放的额定功率应是背景音乐广播扬声器总功率的1.3 倍,最终的广播功率值应取两个计算值中的一个。

⑤广播功放采用 120 V 定压输出功放是因为广播线路通常都相当长,须用高压传输减小线路损耗。

⑥多台功放采用的音频输入端可并联使用,但 2 台功放的输出端不能并联使用。

(3)火灾应急广播控制方式。

发生火灾时,为了便于疏散和减少不必要的混乱,火灾应急广播发出警报时不能采用整个建筑物火灾应急广播系统全部启动的方式,而应该仅向着火楼层及与其相关楼层进行广播。播放方式如下:

①当着火层在二层以上时,仅向着火层及其上、下各一层或下一层、上二层发出火灾警报。

②当着火层在首层时,需要向首层、二层及全部地下层进行紧急广播。

③当着火层在地下的任一层时,需要向全部地下层和首层进行紧急广播。

当火灾应急广播按照如图 5-15 所示方式与建筑物内其他广播音响系统合用扬声器时,一旦发生火灾,要求能在消防控制室采用如下两种控制方式将火灾疏散层的扬声器和广播公共扩音机强制转入火灾事故广播状态:

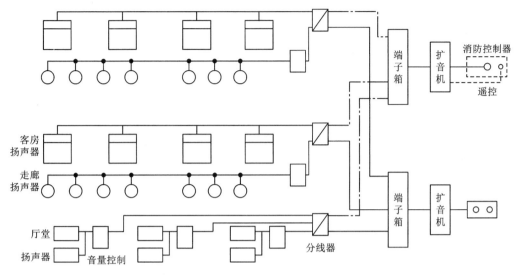

客房扬声器

走廊扬声器

厅堂扬声器

音量控制

端子箱

扩音机

消防控制器

遥控

端子箱

扩音机

分线器

图 5-15　火灾应急广播与其他广播合用示意图

①火灾应急广播系统仅利用音响广播系统的扬声器和传输线路,其扩音机等装置却是专用时,当发生火灾时,应由消防控制室切换输出线路,使音响广播系统投入火灾紧急广播。

②火灾应急广播系统完全利用音响广播系统的扩音机、扬声器和传输线路等装置时,消防控制室应设有紧急播放盒(内含话筒放大器和电源、线路输出遥控按键等),用于火灾时遥控音响广播系统紧急开启用作火灾紧急广播。

使用以上两种控制方式都应注意使扬声器无论处于关闭还是在播放音乐等状态下,都能紧急播放火灾广播。特别是在设有扬声器开关或音量调节器的系统中,当播报紧急广播时,应将继电器切换到火灾应急广播线路上。无论采用哪种控制方式都应能使消防控制室采用电话直接广播和遥控扩音机的开闭及输出线路的分区播放,还能显示火灾事故广播扩音机的工作状态。

5.5.2　消防电话系统

为保证消防报警和灭火指挥工作正常进行,需设置消防电话系统。消防电话系统同其他电话系统单独放置,一般采用集中式对讲电话,主机设在消防控制室,分机分设在其他各个部位。当建筑内发生火灾时,现场人员可直接利用消防电话与消防控制室通话,无须拨号,举机即可接通总机。

《火灾自动报警系统设计规范》(GB 50116—2013)明确规定:

1)消防专用电话应建成独立的消防通信网络系统。

2)消防控制室、消防值班室或工厂消防队(站)等处应装设向公安消防部门直接报警的外线电话。

3）消防控制室应设消防专用电话总机。

4）民用建筑的下列部位应设有消防专用电话分机和塞孔：

①消防水泵房、变配电室、防排烟机房、电梯机房、自备发电机房等与消防联动有关的值班室设分机。

②灭火系统控制、操作处或控制室设分机。

③民用建筑中手动报警按钮及消火栓启泵按钮等处宜设消防电话塞孔。

④特级保护对象建筑中各避难层应设置消防电话分机或电话塞孔。

5）工业建筑中下列部位应设置消防专用电话分机：

①总变、配电站及车间变、配电所。

②工厂消防队（站）、总调度室。

③保卫部门总值班室。

④消防泵房、取水泵房（处）、电梯机房。

⑤车间送、排风及空调机房等处。

⑥工业建筑中手动报警按钮、消火栓启泵按钮等处宜设消防电话塞孔。

关于消防电话的使用及其注意事项：

①二线直线电话：只需要将手提式电话机的插头插入消防电话塞孔内即可。

②多门消防电话：多门消防电话有 20 门、40 门、60 门、100 门等规格。总机可呼叫分机通话，分机也可向总机报警。分机向总机报警时，分机摘机，总机即振铃或总机告警指示灯闪烁，分机指示灯亮（闪烁表示呼叫，常亮表示正常通话），总机摘机后，停止振铃或闪烁，即可与分机通话。总机呼叫分机通话时，总机摘机，按住某分机号按钮，分机振铃，分机摘机后，总机可看到分机指示灯亮，松开分机按钮，即可与分机通话。

③电话线应单独敷设管线，不能与其他线共管。

④当消防电话系统需要使用备电时，应避免与火灾报警控制器使用同一组电源，以免被干扰。

⑤每次通话，数字录音机对通话内容自动录音。

5.5.3 应急照明系统

应急照明是突然停电或发生火灾而断电时，在重要的房间或建筑的主要通道中，能够继续维持一定程度的照明，保证人员迅速疏散、对事故及时处理所用的照明。

1. 应急照明的设置

应急照明通常分为专用和兼用两种。专用是设独立的照明回路作为应急照明，该回路灯具平时为关闭状态，当发生火灾时，强行启动；兼用是利用正常照明的一部分灯具作为应急照明，这部分灯具既连接在正常照明的回路中，同时也被连接在专门的应急照明回路中。当发生火灾时，灯具依然处于点亮状态，只不过往往会装有照明切换开关，需要强制启动。

应急照明一般需要安装在建筑的疏散楼梯间、走道和防烟楼梯间前室、消防电梯间及前室、合用前室、观众厅、展览厅、多功能厅、餐厅和商场营业厅等人员密集场所。同时，对火灾时不允许停电、必须坚持工作的场所(如配电室、消防控制室、消防水泵房、自备发电机房、电话总机房等)也应该设置火灾应急照明。

2. 电光源及灯具选择

火灾应急照明必须采用能瞬时点亮的光源，一般采用白炽灯、快速启动日光灯等。当正常照明的一部分经常点亮，且在发生故障时不需要切换电源的情况下作为火灾应急照明时，也可以采用普通日光灯和其他光源。

火灾应急照明灯具的选用应与建筑的装饰水平相匹配，常采用的灯具有吸顶灯、深筒嵌入灯、光带式嵌入灯和荧光嵌入灯。这些嵌入灯具要进行散热处理，不得安装在易燃可燃材料上，且要保持一定防火间距。对于火灾应急照明灯和疏散指示标志灯，为提高其火灾时的耐火性能，应设玻璃或其他不燃烧材料制作的保护罩，目的是其火灾期间引导疏散和扑救火灾的有效作用。

应急照明灯规格的建议标准如表 5-2 所示。

表 5-2　应急照明灯规格的建议标准

类别	规格		采用荧光灯时的光源功率/W
	长短比	长边的长度/cm	
Ⅰ 型	4∶1 或 5∶1	>100	≥30
Ⅱ 型	3∶1 或 4∶1	50~100	≥20
Ⅲ 型	2∶1 或 3∶1	36~50	≥10
Ⅳ 型	2∶1 或 3∶1	25~35	≥6

注：1) Ⅰ 型标志灯内所装光源数量不宜少于两个。

2) 疏散指示标志灯安装在地面上时，长宽比可取 1∶1 或 2∶1，长边最小尺寸不宜小于 40 cm。

应急照明灯规格形式的选择如表 5-3 所示。

表 5-3　应急照明灯规格形式

建筑物类别	安全出口标志灯		疏散指示标志灯	
	建筑总面积/m²		每层建筑面积/m²	
	>10000	<10000	>1000	<1000
旅馆	Ⅰ 型或 Ⅱ 型	Ⅱ 型或 Ⅲ 型	Ⅲ 型或 Ⅳ 型	
医院	Ⅰ 型或 Ⅱ 型	Ⅱ 型或 Ⅲ 型	Ⅲ 型或 Ⅳ 型	
影剧院	Ⅰ 型或 Ⅱ 型	Ⅱ 型或 Ⅲ 型	Ⅲ 型或 Ⅳ 型	
俱乐部	Ⅰ 型或 Ⅱ 型	Ⅱ 型或 Ⅲ 型	Ⅱ 型或 Ⅲ 型	Ⅲ 型或 Ⅳ 型

续表5-3

建筑物类别	安全出口标志灯		疏散指示标志灯	
	建筑总面积/m²		每层建筑面积/m²	
	>10000	<10000	>1000	<1000
商店	Ⅰ型或Ⅱ型	Ⅱ型或Ⅲ型	Ⅱ型或Ⅲ型	Ⅲ型或Ⅳ型
餐厅	Ⅰ型或Ⅱ型	Ⅱ型或Ⅲ型	Ⅱ型或Ⅲ型	Ⅲ型或Ⅳ型
地下街	Ⅰ型		Ⅱ型或Ⅲ型	
车库	Ⅰ型		Ⅱ型或Ⅲ型	

3. 应急照明的照度要求

照度指的是单位面积上接收到的光通量,单位是勒克斯(lx)。

①对于疏散走道,不应低于1.0 lx。

②对于人员密集场所、避难层(间),不应低于3.0 lx;对于病房楼或手术部的避难间,不应低于10.0 lx。

③对于楼梯间、前室或合用前室、避难走道,不应低于5.0 lx。

④消防控制室、消防水泵房、防排烟机房、配电室、自备发电机房和电话总机房,以及发生火灾时仍需继续坚持工作的地方和部位,其最低照度应与一般工作照明的照度相同。

⑤当工作照明与火灾应急照明混合设置时,火灾应急照明的照度应取该区域工作照明照度的10%以上,具体数值可视环境条件而定,一般为50%。

4. 应急照明的供配电要求

应急照明的供电电源可以是柴油发电机组、蓄电池或城市电网电源中的任意两个组合,以满足双电源双回路供电的要求。

火灾应急照明灯和疏散指示标志灯既可集中供电,也可分散供电。对于大中型建筑,多采用集中供电方式,其总配箱设在建筑底层,以干线向各层照明配电箱供电,各层照明配电箱装于楼梯间或附近,每回路干线上连接的配电箱不超过三个,此时的火灾事故照明电源无论是从专用干线分配电箱取得,还是从与正常照明混合使用的干线分配电箱取得,在有应急备用电源的地方,都要从最末级的分配电箱进行自动切换,如图5-16所示。

对于分散布置的小型建筑物内供人员疏散用的疏散照明装置,由于容量较小,一般采用小型内装灯具、蓄电池、充电器和继电器的组装单元。应急照明组装单元原理框图如图5-17所示。

当交流电源正常供电时,一路点亮灯管,另一路驱动稳压电源工作,并以小电流给镍镉蓄电池组连续充电。当交流电源因故停电时,无触点开关自动接通逆变电路,将直流变成高频高压交流电;同时,控制部分把原来的电路切断,而将直流点燃电路接通,转入应急照明。一般的直流供电时间不小于45 min。当应急照明达到规定时间时,无触点开关自动切断逆变电路,蓄电池组不再放电。一旦交流电恢复,灯具自动投入交流电路,恢复正

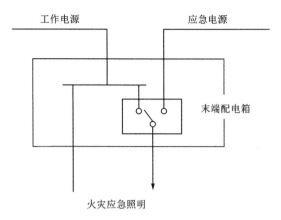

图 5-16　应急照明的配电方式

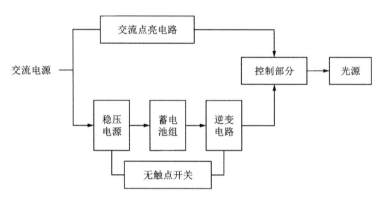

图 5-17　应急照明组装单元原理框图

常供电，蓄电池组又继续重新充电。

5. 应急照明系统的联动控制

消防应急照明按系统形式可分为自带电源集中控制型（系统内可包括母型消防应急灯具）、自带电源非集中控制型（系统内可包括子母型消防应急灯具）、集中电源集中控制型、集中电源非集中控制型。

①集中控制型系统主要由应急照明集中控制器、双电源应急照明配电箱、消防应急灯具和配电线路等组成，消防应急灯具可为持续型或非持续型，其特点是所有消防应急灯具的工作状态都受应急照明集中控制器控制。发生火灾时，火灾报警控制器或消防联动控制器向应急照明集中控制器发出相关信号，应急照明集中控制器按照预设程序控制各消防应急灯具的工作状态。

②集中电源非集中控制型系统主要由应急照明集中电源、应急照明分配电装置、消防应急灯具和配电线路等组成，消防应急灯具可分为持续型或非持续型。发生火灾时，消防

联动控制器联动控制集中电源和应急照明分配电装置的工作状态，进而控制各路消防应急灯具的工作状态。

③自带电源非集中控制型系统主要由应急照明配电箱、消防应急灯具和配电线路等组成。发生火灾时，消防联动控制器联动控制应急照明配电箱的工作状态，进而控制各路消防应急灯具的工作状态。

在确认火灾后，由发生火灾的报警区域开始，顺序启动全楼疏散通道的消防应急照明和疏散指示系统，系统全部投入应急状态的启动时间不应大于 5 s。

思考题

1. 防火卷帘有哪些控制方式？
2. 简述各个灭火系统的适用场所及其特点。
3. 简述各个灭火系统的工作原理。

第6章

消防系统供配电与接地

6.1 消防用电及负荷等级

6.1.1 消防用电

消防用电包括消防控制室照明、消防水泵、消防电梯、防烟排烟设施、火灾探测与报警系统、自动灭火系统或装置、疏散照明、疏散指示标志和电动的防火门窗、卷帘、阀门等设施、设备在正常和应急情况下的用电。

正常情况下，消防用电设备主要依靠城市电网供给电能。火灾一旦发生，就会直接影响城市电网电能输出的可靠性和安全性，也就直接影响消防用电设备在火灾条件下工作的可靠性和安全性，从而给早期报警、安全疏散、初期灭火等造成严重的影响。因此，在建筑电气防火设计的过程中，首要考虑的就是消防用电在火灾条件下的电能连续供给的安全性和可靠性问题。消防用电的安全性包括电能的限流和限压，以保证消防用电设备在发生故障起火时的安全，也包括电气线路的漏电引发触电，危及应急逃生人员及抢救人员的生命安全。

消防电源是指在火灾时能保证消防用电设备继续正常运行的独立电源。消防电源的基本要求包括以下几个方面：

(1)可靠性。在火灾条件下，若消防电源停止供电，会使消防用电设备失去作用，贻误灭火救援的时机，给人民的生命和财产带来严重的后果，因此必须确保消防电源及配电系统的可靠性。

(2)耐火性。在火灾条件下，许多消防用电设备是在火灾现场或附近工作，因此消防电源的配电系统应具有耐火、耐热及防爆性能，同时还可以采用耐火材料在建筑整体防火条件下提高不间断供电的时间和能力。

(3)有效性。消防用电设备在抢险救援过程中需要持续工作，因此消防电源应能在火灾条件下保证持续供电时间，以确保消防用电设备的有效性。

（4）安全性。消防电源和配电系统在火灾条件下工作环境极为恶劣（如火场温度高，火灾烟气毒性、腐蚀性大等），必须采用相应的保护措施，防止过电流、过电压导致消防用电设备的故障起火，防止电气线路漏电引发的触电事故等。

（5）科学性和经济性。在保证可靠性、耐火性、安全性和有效性的前提下，消防用电还应考虑系统设计的科学性和电源的节能效果及供电质量。同时，应力求施工和操作的便捷，尽可能使系统的投资、运行及其整个生命周期的维护保养费用达到最佳经济效益状态。

6.1.2　消防用电的负荷等级

1.消防负荷等级划分原则

根据建筑物的结构、使用性质、火灾危险性、疏散和扑救难度、事故后果等，参照电力负荷分级要求确定。

2.消防负荷等级划分

（1）《建筑设计防火规范（2018年版）》（GB 50016—2014，2018年版）对消防负荷等级的划分。

根据我国具体情况，对消防负荷等级按照高层建筑类别规定如下：

一类高层建筑按一级负荷要求供电，二类高层建筑按不低于一级负荷要求供电，消防负荷等级的划分是在参照电力负荷分级原则的情况下划分的。

《供配电系统设计规范》（GB 50052—2009）将电力负荷分为三级：

①符合下列情况之时，应为一级负荷：

a.中断供电将造成人身伤亡时。

b.中断供电将在经济上造成重大损失时。例如：重大设备损坏、重大产品报废、用重要原料生产的产品大量报废、国民经济中重点企业的连续生产过程被打乱需要长时间才能恢复等。

c.中断供电将影响重要用电单位的正常工作。例如：重要交通枢纽、重要通信枢纽、重要宾馆、大型体育场馆、经常用于国际活动的大量人员集中的公共场所等用电单位中的重要电力负荷。

在一级负荷中，中断供电将造成重大设备损坏或发生中毒、爆炸和火灾等情况的负荷，以及特别重要场所的不允许中断供电的负荷，应视为一级负荷中特别重要的负荷。

②符合下列情况之一时，应为二级负荷：

a.中断供电将在经济上造成较大损失时。例如，主要设备损坏、大量产品报废、连续生产过程被打乱需较长时间才能恢复、重点企业大量减产等。

b.中断供电将影响重要用电单位的正常工作。例如，交通枢纽、通信枢纽等用电单位中的重要电力负荷，以及中断供电将造成大型影剧院、大型商场等较多人员集中的重要的公共场所秩序混乱。

③不属于一级和二级负荷者应为三级负荷。

（2）建筑物、储罐、堆场的消防用电设备负荷等级规定如下：

①建筑物高度超过50 m的乙、丙类厂房和丙类库房，其消防用电设备应按一级负荷供电。

②下列建筑物储罐和堆场的消防用电，应按二级负荷供电：

a.室外消防用水量超过30 L/s的工厂、仓库。

b.室外消防用水量超过35 L/s的易燃材料堆场、甲类和乙类液体储罐或储罐区、可燃气体储罐或储罐区。

c.超过1000个座位的影剧院、超过3000个座位的体育馆、每层面积超过300 m² 的百货楼、展览楼和室外消防用水量超过25 L/s的其他公共建筑。

③按一级负荷供电的建筑物，当供电不能满足要求时，应设自备发电设备。

④除①②条外的民用建筑、储罐（区）和露天堆场的消防用电设备，可采用三级负荷供电。

3. 不同消防负荷等级主电源的供电要求

（1）一级负荷的供电要求

一级负荷应由双重电源供电，当一电源发生故障时，另一电源不应同时受到损坏。一级负荷中特别重要的负荷供电，应符合下列要求：

①除应由双重电源供电外，尚应增设应急电源，并不得将其他负荷接入应急供电系统。

②设备的供电电源的切换时间，应满足设备允许中断供电的要求。一级负荷供电的建筑，当采用自备发电设备作备用电源时，自备发电设备应设置自动和手动启动装置，且自动启动方式应能在30 s内供电。

对于一级负荷中的特别重要负荷，应增设应急电源，并严禁将其他负荷接入应急供电系统。

（2）二级负荷的供电要求

二级负荷的供电系统，宜由双回线路供电。在负荷较小或地区供电条件困难时，二级负荷可由一回路6 kV及以上专用的架空线路供电。当采用架空线时，可为一回路架空线供电；当采用电缆线路时，应采用两根电缆组成的线路供电，其每根电缆应能承受100%的二级负荷。

（3）三级负荷的供电要求

三级负荷可按约定供电，没有特殊要求。

电力负荷按重要程度分级的目的在于正确反映电力负荷对供电可靠性的要求，根据国家电力供应的实际情况，恰当地选择供电方案和运行方式，满足社会的需要。负荷分级是相对的，同当时当地电力供应的情况密切相关。

6.1.3　消防备用电源

当地区供电条件不能满足消防一级负荷和二级负荷的供电可靠性要求，或从地区变电站取得第二电源不经济时，应设置消防备用电源。常见的消防备用电源形式有应急发电机组、不间断电源装置(UPS)、蓄电池组、EPS(应急电源)、燃料电池等。

1. 应急发电机组

自备的消防应急发电机组有柴油发电机组和燃气轮机发电机组两种。选择柴油发电机组时，宜选用高速柴油发电机组和无刷型自动励磁装置。高速柴油发电机组具有体积小、重量轻、起动运行可靠等优点。无刷型自动励磁装置具有适应各种起动方式、易于实现机组自动化和对发电机组遥控的特点，其与自动电压调整装置配套使用时，可使静态电压调整率保持在±2.5%以内。

燃气轮机发电装置包括燃气轮机、发电机、控制屏、起动蓄电池、油箱、进气和排气，消音器及其他设备等。机组可分为固定型、可动型和轨道型。发电机为三相交流同期发电机，无刷交流励磁方式。燃气轮机的冷却不需水冷而用空气自行冷却，加之燃烧需要大量空气，所以，燃气轮机组的空气需要量比柴油机组大2.5~4倍。因此，其装设位置必须考虑进气、排气方便的地上层或屋顶为宜，不宜设在地下层，因为地下层的进气、排气都有一定难度。自备应急发电机组应装设快速自动起动及电源自动切换装置，并具有连续三次自动起动的功能。对于一类高层建筑，自动起动切换时间不超过30 s；对于其他建筑，在采用自动起动有困难时也可采用手动起动装置。

2. 不间断电源装置

不间断电源装置，简称UPS，是一种在交流输入电源因电力中断或电压、频率波形等不符合要求而中断供电时，保证向负荷连续供电的装置。不间断电源装置一般可分为两大类：静止型不间断电源装置和旋转型不间断电源装置。

静止型不间断电源装置如图6-1所示，由整流器、蓄电池、逆变器、常用电源(市电)、备用电源(市电或油机发电机组)和静态开关等组成。当常用电源正常时，向整流器供电，一方面经逆变器输出交流电供给负荷，另一方面对蓄电池充电。当常用电源中断时，由蓄电池供电。当常用电源中断时间很长、蓄电池无法保证供电时，必须切换到备用市电电源或起动油机发电机组才能保证不间断供电。

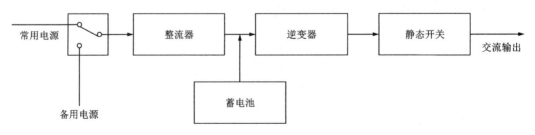

图6-1　静止型不间断电源装置组成示意图

旋转型不间断电源装置如图 6-2 所示，由整流器、蓄电池、直流电动机、飞轮和交流发电机等部分组成。飞轮的作用是利用其转动惯量大的性质，在交流发电机的负荷变动时维持机组的转速稳定，从而使交流发电机的输出电压的幅值和频率稳定；此外，在市电中断转换到蓄电池供电时，保证负载电源不会中断。

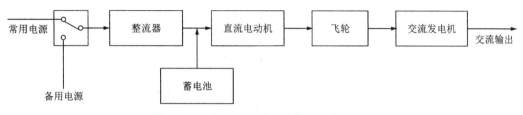

图 6-2　旋转型不间断电源装置组成示意图

3. 蓄电池组

蓄电池组是将所获得的电能以化学能的形式贮存并将化学能转化成电能的一种电化学装置。在建筑供用电系统中，蓄电池（组）常用作小容量设备的备用电源，如火灾自动报警系统的直流备用电源、应急照明的备用电源、变电所的直流操作电源、不间断电源装置的直流电源等。

不间断电源系统用的蓄电池（组）需在常温下能瞬时起动，一般选碱性或酸性蓄电池，有条件时应选用碱性型燃料电池。当要求继续维持供电时间较短时宜采用镉镍蓄电池，否则宜用固定型铅蓄电池。

蓄电池组的额定放电时间是指在交流输入发生故障时，起动蓄电池，在规定的工作条件下，不间断电源设备保持向负荷连续供电的最小时间。在为保证用电设备按照操作顺序进行停机时，以停机所需最长时间来确定，一般取 8~15 min；当有备用电源时，为保证用电设备的供电连续性，并等待备用电源的投入，蓄电池的额定放电时间取 10~30 min。

4. EPS

EPS（emergency power supply）如图 6-3 所示，是一种集中消防应急供电电源，在市电故障和异常时，能够继续向负载供电，确保不停电，以保护人民生命和财产的安全。当市电正常时，由市电经过互投装置给负载供电，同时充电器给备用电池进行智能充电。当市电断电，或超过正常电压的 25% 时，由控制器提供逆变信号，启动逆变电源，同时互投装置将立即投切至逆变电源输出，继续提供正弦波交流电，在市电电压正常后，恢复电网供电。

5. 燃料电池

燃料电池如图 6-4 所示，与普通电池一样，它是将化学能直接转化成电能的一种化学装置。它是能够持续地通过发生在阳极和阴极上的氧化还原反应将化学能转化为电能的能量转换装置。燃料电池工作时需要连续不断地向电池内输入燃料和氧化剂，只要持续供应，燃料电池就会不断提供电能。

图 6-3 EPS

目前，燃料电池因其能量转化率高、电气特性好，尤其因其在环保方面的优越性而越来越受到人们的关注。

图 6-4 燃料电池

6.2 消防用电设备供配电系统

6.2.1 消防用电设备的配电方式

正确选择建筑物内低压配电系统主接线方案，是民用建筑电气设计的重要环节，设计中应根据建筑物的高度、规模和性质来合理确定。通常，建筑物高度越高，体量越大，发生火灾时扑救的难度越大,当建筑物高度超过 100 m 时,只能靠自救灭火。因此,保证消防用电设备的可靠供电非常重要。为了保证消防负荷供电不受非消防负荷的影响,低压配电系统主接线采用分组设计方案将会大幅度提高配电系统的可靠性。同时,要根据负荷性质及容量合理设置短路保护、过负荷保护、接地故障保护和过、欠电压保护。

大量的火灾案例表明,有了可靠的电源,而消防设备的配电线路不可靠,仍不能保证消防用电设备的安全供电。消防配电线路和控制回路一般按防火分区划分。《建筑设计防火规范(2018 版)》(GB 50016—2014)均明确规定,消防用电设备应采用专用的供电回路,当发生火灾切断生产、生活用电时,应仍能保证消防用电,其配电设备应设有明显标志。

消防用电设备的电源分别引自两台变压器的不同母线,平时两路电源线路(常用和备用)均带电(热备用配电方式),当一路失电时,通过双电源自动转换开关(ATSE)进行自动切换,保证消防设备供电的可靠性。目前,有些地方不采用热备用方式,而是采用冷备用方式,即引至消防设备的两路线路,一路常用线路平时带电,一路备用线路不带电。这样的配电方式,在常用线路失电时,要通过一系列操作才能使备用线路带电,因此供电可靠性没有热备用高。

消防用电设备的配电方式,根据用电设备的重要性、用电设备的容量以及平面分布情况,可以选择放射式、树干式、链式配电以及这三种方式的组合方式,如图 6-5 所示。

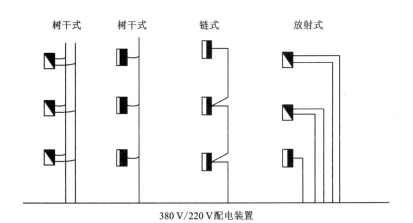

图 6-5 消防用电设备各种配电方式示意图

高层建筑物的应急照明的总干线配电方式往往采用树干式配电方式,一般由变电所或大楼总配电间直接配出两个回路线路作为树干,相应楼层火灾应急照明配电箱的两个电源分别接自两个树干。

用电设备容量小、离开配电箱较远但相互之间较近的小容量消防设备可以采用链式配电方式,但应注意不允许跨越防火分区,例如有些工程的防火卷帘等。

放射式是由变电所或大楼总配电间直接配出引至用电设备,该配电方式适用于用电设备重要性高或容量大并且负荷集中的场合。消防水泵、消防电梯、消防控制室等设备应采用放射式配电方式。

为保证消防用电设备供电的可靠性,要求在最末一级配电箱处设置自动切换装置

（ATSE）。消防控制室、消防水泵房或邻近配套的消防水泵控制室、消防电梯机房内均应设置双电源自动切换装置。防烟排烟风机、防火卷帘、消防排水泵等消防电气设备，可以按同一防火分区内设置一个总的双电源自动切换装置（ATSE），再采用满足消防供电敷设要求的电线电缆，以放射式配电方式进行供电。

6.2.2 消防供配电系统设置

1. 消防负荷的电源设计

设备应采用专用的供电回路，当建筑物内的生产、生活用电被切断时，应仍能保证消防用电。"供电回路"是指从低压总配电室或分配电室至消防设备或消防设备室（如消防水泵房、消防控制室、消防电梯机房等）最末级配电箱的配电线路。

消防电源要在变压器的低压出线端设置单独的主断路器，不能与非消防负荷共用同一路进线断路器和同一低压母线段。消防电源应独立设置，即从建筑物变电所低压侧封闭母线处或进线柜处就将消防电源分出而各自成独立系统。如果建筑物为低压电缆进线，则从进线隔离器下端将消防电源分开，从而确保消防电源相对建筑物而言是独立的，提高消防负荷供电的可靠性。

当建筑物双重电源中的备用电源为冷备用，且备用电源的投入时间不能满足消防负荷允许中断供电的时间时，要设置应急发电机组，机组的投入时间要满足消防负荷供电的要求。

2. 消防备用电源的设计

为尽快让自备发电设备发挥作用，根据目前我国的供电技术条件，消防用电接一、二级负荷供电的建筑，当采用自备发电设备作备用电源时，自备发电设备应设置自动和手动启动装置。当采用自动启动方式时，应能保证在 30 s 内供电；当采用中压柴油发电机组时，火灾确认要在 60 s 内供电。

工作电源与应急电源之间要采用自动切换方式，同时按负载容量由大到小的原则顺序启动。电动机类负载启动间隔宜为 10~20 s。

当以柴油发电机组作为消防备用电源时，其电压等级要符合下列规定：

①供电半径不大于 400 m 时，宜采用低压柴油发电机组。

②供电半径大于 400 m 时，宜采用中压柴油发电机组。

③线路电压降应不大于供电电压的 5%。

备用消防电源的供电时间和容量，应满足该建筑物火灾延续时间内各消防用电设备的要求：用于商业楼、展览楼、综合楼、一类建筑的财贸金融楼、图书馆、书库、重要的档案楼、科研楼和旅馆的消防水泵火灾时，持续运行时间为 3.0 h，其他高层建筑为 2.0 h；用于防火卷帘的水幕泵火灾时，持续运行时间为 3.0 h；用于消防电梯火灾时，持续运行时间应大于消防水泵、水幕泵火灾时的持续运行时间；建筑物高度大于 100 m 的民用建筑，加压风机、防排烟风机火灾时持续运行时间不应小于 1.5 h；医疗建筑、老年人建筑、总建筑面积大于 100000 m² 的公共建筑，火灾时持续运行时间不应少于 1.0 h；其他建筑不应少于 0.5 h。

当以 EPS 作为备用电源时，电池初装容量应为使用量的 3 倍；三相供电的 EPS 单机容量不宜大于 120 kW，单相供电的 EPS 单机容量不宜大于 30 kW，且应有单节电池保护和电能均衡装置。

3. 配电设计

①消防配电干线宜按防火分区划分，消防配电支线不宜穿越防火分区。

②消防控制室、消防水泵房、防烟和排烟风机房的消防用电设备及消防电梯等的供电，应在其配电线路的最末一级配电箱处设置自动切换装置。

火场的温度往往很高，如果安装在建筑中的消防设备的配电箱和控制箱无防火保护措施，当箱体内温度为 200℃ 及以上时，箱内电器元件的外壳就会变形跳闸，不能保证消防供电。对消防设备的配电箱和控制箱应采取防火隔离措施，可以较好地确保火灾时配电箱和控制箱不会因为自身防护不好而影响消防设备正常运行。

③按一、二级负荷供电的消防设备，其配电箱应独立设置；按三级负荷供电的消防设备，其配电箱宜独立设置。

消防水泵、喷淋水泵、水幕泵和消防电梯要由变配电站或主配电室直接出线，采用放射式供电；防排烟风机、防火卷帘以及疏散照明可采用放射式或树干式供电。消防水泵、防排烟风机及消防电梯的两路低压电源应能在设备机房内自动切换，其他消防设备的电源应能在每个防火分区配电间内自动切换；消防控制室的两路低压电源应能在消防控制室内自动切换。

消防水泵、防排烟风机和正压送风机等设备不能采用变频调速去作为控制装置。电动机类的消防设备不能采用 EPS/UPS 作为备用电源。

主消防泵为电动机水泵，备用消防泵为柴油机水泵，主消防泵可采用一路电源供电。消防设备的配电箱和控制箱宜安装在配电室、消防设备机房、配电小间或电气竖井内，当必须在其他场所安装时，箱体要采取防火措施，并满足火灾时消防设备持续运行时间的要求。

消防负荷的配电线路所设置的保护电器要具有短路保护功能，但不宜设置过负荷保护装置，如设置只能动作于报警而不能用于切断消防供电。消防水泵因轴封锈蚀而使消防水泵堵转，启动电流会使电缆发热，温度在达到设定值时为保护电器动作而切断电源，这是不允许的。如果不设置过负荷保护，若出现堵转，在最大转矩的作用下，有可能克服电动机轴封阻力，使电动机逐渐转动起来。

消防负荷的配电线路不能设置剩余电流动作保护和过、欠电压保护，因为在火灾这种特殊情况下，不管消防线路和消防电源处于什么状态或故障，为消防设备供电是最重要的。

消防配电的配电装置与非消防设备的配电装置宜分列安装；若必须并列安装，则分界处应设防火隔断。消防配电设备应有明显标志，专用消防配电柜宜采用红色柜体。

6.3 消防系统的供配电布线与接地

6.3.1 消防系统供配电线路的敷设

1. 一般规定

消防用电设备的配电线路采用暗敷时，应穿管敷设在不燃烧体结构内，且保护层厚度不应小于 30 mm；采用明敷时，如果采用普通的电线电缆，消防用电设备的配电线路应采用耐火型金属线槽或金属管（可在线槽或管上涂防火涂料保护）。当采用阻燃耐火型电线电缆时，则可以在普通的线槽或电缆桥架内敷设。

在消防电气设计中，消防用电设备配电线路通常采用穿管埋设在不燃烧体结构内的方式。这是一种比较经济、安全的敷设方法。

从一些火灾实例中得知，金属管暗设，保护层厚度如能达到 30 mm，能够在一定时间内维持供电。

考虑到钢筋混凝土装配式建筑或建筑物某些部位配电线路不能穿管暗设，只能明敷，此时如果采用普通电线电缆，则要采取防火保护措施，例如在管套外面涂刷丙烯酸乳胶防火涂料等，但如果采用耐火型电线电缆，由于耐火型电线电缆在 750℃ 的火焰燃烧下 90 min 内仍能保持线路完整性，因此对敷设条件可以没有额外的防火要求。

2. 其他要求

电线电缆的敷设除了满足一般规定中所提出的要求外，还要注意以下问题：

1) 在电线电缆敷设时，应对电缆桥架和电缆井道采取有效的防火封堵或分隔措施。当电线电缆敷设在有防火封堵或分隔措施的通道中时，应考虑防火封堵或分隔措施对电缆载流量的影响。

2) 电力电线电缆在电缆桥架中敷设时，应考虑散热，故不宜在耐火金属线槽内敷设。

3) 电力电线电缆与非电力电线电缆宜分开敷设，如确需在同电缆桥架内敷设时，宜采取隔离措施；当有电磁干扰影响设备正常工作时，应采取隔离措施。

4) 阻燃电线电缆和阻燃耐火电线电缆可在同一电缆桥架内敷设。

5) 敷设在同一电缆桥架内的电缆，当其非金属材料容量大于 14 L/m 时，宜采用隔离措施。

6) 电缆在垂直井道内敷设时，宜采用电缆桥架敷设。

7) 电线电缆在吊顶或地板内敷设时，应采用金属管、金属线槽或金属托盘敷设。

8) 电线明敷时，应采用金属管或金属线槽敷设。

9) 导线暗敷时，应采用金属管或阻燃型硬质塑料管敷设，并应敷设在不燃体结构内。消防设备线路暗敷时尚应满足其保护层厚度不小于 30 mm 的要求。

10）矿物绝缘电缆可采用支架或沿墙明敷。

11）电缆在下列情况下应采取防火封堵措施：

①电缆穿越不同的防火分区处。

②电缆沿竖井垂直敷设穿越楼板处，超高层建筑应每层进行封堵，其他建筑可每隔2~3层进行封堵。

③电缆隧道、电缆沟、电缆间的隔墙处。

④穿越耐火极限不小于1.00 h的隔墙处。

⑤穿越建筑物的外墙处。

⑥至建筑物入口处，或至配电间、控制室的管沟入口处。

⑦电缆引至配电柜、盘或控制屏、台的开孔部位。

12）电缆防火封堵根据不同情况可采用防火胶泥、耐火隔板、填料阻火包、防火帽等方式和方法。电缆防火封堵的形式和方法，应满足按等效工程条件下标准试验的耐火极限要求。

3.《民用建筑电气设计标准》（GB 51348—2019）对线路敷设的规定

①当采用矿物绝缘电缆时，应采用明敷或在吊顶内敷设。

②难燃型电缆或有机绝缘耐火电缆，在电气竖井内或电缆沟内敷设时可不穿导管保护，但应采取与非消防用电缆隔离措施。

③当采用有机绝缘耐火电缆为消防设备供电的线路，采用明敷、吊顶内敷设或架空地板内敷设时，应穿金属导管或封闭式金属线槽保护；所穿金属导管或封闭式金属线槽应采取涂防火涂料等防火保护措施。当线路暗敷时，应穿金属导管或难燃型刚性塑料导管保护，并应敷设在不燃烧结构内，且保护层厚度不应小于30 mm。

④火灾自动报警系统传输线路采用绝缘电线时，应采用穿金属导管、难燃型刚性塑料管或封闭式线槽保护方式布线。

⑤消防联动控制、自动灭火控制通信、应急照明及应急广播等线路暗敷时，应采用穿导管保护，并应暗敷在不燃烧体结构内，其保护层厚度不应小于30 mm；当明敷时，应穿金属导管或封闭式金属线槽保护，并应在金属导管或金属线槽上采取防火保护措施；采用绝缘和护套为难燃性材料的电缆时，可不穿金属导管保护，但应敷设在电缆竖井内。

⑥当横向敷设的火灾自动报警系统传输线路采用穿导管布线时，不同防火分区的线路不应穿入同一根导管内；探测器报警线路采用总线制布设时不受此限。

⑦火灾自动报警系统用的电缆竖井，宜与电力照明用的电缆竖井分别设置；当受条件限制必须合用时，两类电缆宜分别布置在竖井的两侧。

6.3.2 消防系统接地

1. 接地的基本概念

(1)接地分类

①工作接地：是指发电机、变压器的中性点接地。

②保护接地：是将正常情况下不带电，而在绝缘材料损坏后或其他情况下可能带电的电器金属部分(即与带电部分相绝缘的金属结构部分)用导线与接地体(极)可靠连接起来的一种保护人的方式。

③保护接零：是指电气设备正常情况下不带电的金属部分用金属导体与系统中的零线连接起来。

④重复接地：当系统中发生碰壳或接地短路时，可以降低零线的对地电压；当零线发生断裂时，可以使故障程度减轻。

⑤防雷接地：针对防雷保护设备(避雷针、避雷线、避雷器等)的需要而设置的接地。

⑥防静电接地：设备移动或物体在管道中流动，因摩擦产生静电。

⑦隔离接地：把干扰源产生的电场限制在金属屏蔽的内部，使外界免受金属屏蔽内干扰源的影响。也可以把防止干扰的电器设备用金属屏蔽接地，任何外来干扰源所产生的电场不能穿进机壳内部，使屏蔽内的设备不受外界干扰源的影响。

⑧屏蔽接地：为了防止电磁干扰，在屏蔽体与地或干扰源的金属壳体之间所做的永久良好的电气连接称为屏蔽接地。所以屏蔽接地属于保护接地。

(2)术语定义

①接地体：埋入地中并直接与大地接触的金属导体称为接地体，一般称为接地体。接地体分为水平接地体和垂直接地体。

②自然接地体：可利用作为接地用的直接与大地接触的各种金属构件、金属井管、钢筋混凝土建筑的基础、金属管道和设备等的接地体。

③接地线：电气设备、杆塔的接地端子与接地体或零线连接用的在正常情况下不载流的金属导体，称为接地线。

④接地装置：接地体和接地线的总和，称为接地装置。

⑤接地：将电力系统或建筑物电气装置、设施过电压保护装置用接地线与接地体连接，称为接地。

⑥接地电阻：接地体或自然接地体的对地电阻和接地线电阻的总和，成为接地装置的接地电阻。接地电阻的数值等于接地装置对地电压与通过接地体流入地中电流的比值。

(注：上述接地电阻系指工频接地电阻。)

⑦工频接地电阻：按通过接地体流入地中的工频电流求得的电阻，称为工频接地电阻。

⑧零线：与变压器或发电机直接接地的中性点连接的中性线成直流回路中的接地中性线，称为零线。

⑨保护接零(保护接地)：中性点直接接地的低压电力网中，电气设备外壳与保护零线连接，称为保护接零(保护接地)。

⑩集中接地装置：为加强对雷电流的散流作用、降低对地电位而敷设的附加接地装置，如在避雷针附近装设的垂直接地体。

⑪大型接地装置：110 kV 及以上电压等级变电所的接地装置，装机容量在 200 MW 以上的火电和水电厂的接地装置，或者等效平面面积在 5000 m² 以上的接地装置。

⑫安全接地：电气装置的金属外壳、配电装置的构架和线路杆塔等，由于绝缘损坏有可能带电，为防止其危及人身和设备的安全而设的接地。

⑬接地网：水平接地体组成的具有泄流和均压作用的网状接地装置。

2. 消防系统接地规定

消防控制室有专用接地和共用接地两种，具体规定如下。

(1)接地装置的接地电阻规定。

火灾自动报警系统应在消防控制室设置专用接地板，接地装置的接地电阻值应符合下列要求：

①当采用专用接地装置时，接地电阻值不大于 4 Ω。

②当采用共用接地装置时，接地电阻值不应大于 1 Ω。

(2)工作接地与保护接地的规定。

①工作接地线应采用铜芯绝缘导线或电缆，不得利用镀锌扁铁或金属软管。

②由消防控制室引至接地体的工作接地线，在通过墙壁时，应穿入钢管或其他坚固的保护管。

③工作接地线与保护接地线必须分开，保护接地导体不得利用金属软管。

④消防电子设备凡采用交流供电时，设备金属外壳和金属支架等应作保护接地，接地线应与电气保护接地干线(PE 线)相连接。

(3)消防控制室设置专用接地和共用接地规定。

①专用接地：火灾自动报警系统应在消防控制室设置专用接地板，有利于确保系统正常工作。专用接地干线，是指从消防控制室接地板引至接地体这一段，若设专用接地体则是指从接地板引至室外这一段接地干线。计算机及电子设备接地干线的引入段一般不采用扁钢或裸铜排等方式，主要是为了与防雷接地(建筑构件防雷接地、钢筋混凝土墙体等)分开，需有一定绝缘，以免直接接触，影响电子设备接地效果。专用接地干线应从消防控制室专用接地板引至接地体。专用接地干线应采用铜芯绝缘导线，其线芯截面面积不应小于 25 mm²。专用接地干线宜穿硬质塑料管埋设至接地体。由消防控制室接地板引至各消防电子设备的专用接地线应选用铜芯绝缘导线，其线芯截面面积不应小于 4 mm²。专用接地装置示意图如图 6-6 所示。

②共用接地：将各部分防雷装置、建筑物金属构件、低压配电保护线(PE)等电位连接带、设备保护地、屏蔽体接地、防静电接地及接地装置等连接在一起的接地系统。

采用共用接地装置时，一般接地板引至最低层地下室相应钢筋混凝土柱基础作共用接地点，不宜从消防控制室内柱子直接焊接钢筋引出。共用接地装置示意图如图 6-7 所示。

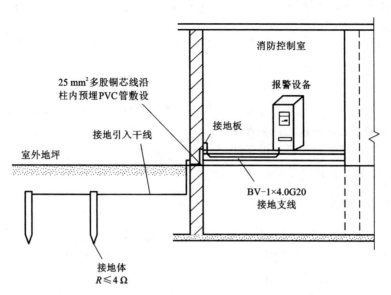

图6-6 专用接地装置示意图

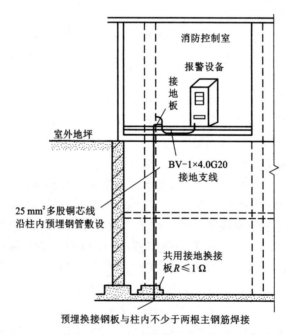

图6-7 共用接地装置示意图

　　接地装置施工完毕后，应及时作隐蔽工程验收。验收应包括下列内容：测量接地电阻，并做记录；查验应提交技术文件；审查施工质量。

思考题

1. 消防用电的负荷等级可以分为哪几级？划分依据分别是什么？

2. 消防用电设备的配电方式有哪些？试说明这些配电方式有何区别。

3. 消防系统供配电线路的敷设有哪些注意事项？

4. 何为接地？消防系统接地的作用是什么？

5. 消防电源及其配电系统的组成是什么？

6. 常见的消防备用电源有哪些？

7. 接地装置施工完毕后，应及时进行隐蔽工程验收，验收内容包括哪些？

第7章

火灾监控新技术

7.1 图像型火灾探测技术

7.1.1 图像型火灾探测技术概述

图像是一种包含强度、形体、位置等信息的信号。因此，利用图像进行火灾探测有自己独特的优势。目前国内外对这种新的火灾探测技术开展了深入研究。火灾中的燃烧过程是一个典型不稳定过程。由于可燃物、几何条件、环境和气候的影响，火灾过程要比一般动力装置中的燃烧过程更为复杂。同时，火灾现场存在各种干扰因素，如阳光、照明灯等。图像型火灾探测方法立足于早期火灾火焰的基本特性，可以排除各种干扰，使火灾探测快速、可靠。

目前世界上对视频图像火灾检测技术的研究主要分成两个方向：一是检测图像中是否出现火焰；二是检测图像中是否出现由火灾引起的烟雾现象。在此基础上又根据检测方法手段的不同分为基于视频的检测方法以及基于视频图像的检测方法。前者是通过对连续的视频帧进行分析，利用图像处理的方式分析视频中物体的动态变化，根据特定的变化规律分离提取出待检测区域，即火焰或者烟雾的疑似区域。后者则是对视频中的单个帧进行分析处理，常常使用颜色灰度等特征，利用阈值分割、聚类分割等方法，从这样的角度上将图像进行分割，从而提取出待检测区域。无论采用何种方式进行待检测区域的提取，在提取出初步的待检测区域后，都将首先对提取出来的区域进行去噪，消除孤岛和缝隙，丢弃较小的轮廓。然后对得到的区域进行修复和填充，使之成为一个连通区域，这个连通区域就是提取出来的火焰或者烟雾疑似区域。接下来就是对疑似区域进行分析，提取出各种相关图像特征。最后使用合适的识别算法，对这些特征进行分析从而识别出待检测图像是否为火灾图像。

相比较于传统的火灾检测技术，基于图像的火灾识别技术由于利用了更加丰富的火灾现场信息，结合了图像处理技术、计算机视觉技术、模式识别以及人工智能技术，从而拥有明显的优势：

①可以在大范围的空间使用。它比传统的火灾检测系统具有更高的主动性，可以监控大范围的空间，例如林场、商场、机场等。它只需要少量的监测装置就可以满足大面积的场所的火灾监控需求。

②可以保存视频图像信息，为事故调查提供详尽的信息。和传统的火灾检测系统相比，其保存的信息更加完整，视频图像作为视觉信息更加利于火灾事故调查。

③可以利用现有的视频监控基础设施。当代的公共视频监控系统已经比较完善，比起传统的火灾检测系统需要重新部署探测设备，基于视频图像的火灾检测系统完全可以在现有的公共视频监测系统上进行搭建，部署简单。

④可以有效保护系统设备。基于视频图像的火灾检测系统，因为采用图像信息进行火灾的检测，其探测设备可以远离火灾发生源，远离恶劣的自然环境，从而有效保护系统的探测设备，进而提高系统的抗干扰能力，提高火灾检测的准确率。

7.1.2　图像型火灾探测实现方法

图像型火灾探测的实现结合了多种图像处理技术，其一般包括图像分割、特征提取及火灾识别。图像分割是指将图像中的可疑火焰或烟雾区域分割出来，去掉背景干扰物，为特征提取做准备；特征提取是指运用数理知识从分割出的目标中获取有效的特征值；火灾识别则是将获取的特征值利用算法进行火灾判别。

1. 图像分割

图像分割技术是图像工程研究的热点和焦点，一直受到人们的高度重视。图像分割是指将图像分成各具特性的区域并提取出感兴趣目标的技术和过程，这里的特性可以是像素的灰度值、颜色或纹理等。在分割结果中，区域内部的像素具有相似特征，而不同区域的像素间存在特征差异。由于不同种类的图像差异很大，以及成像的复杂性，至今还没有一种通用的图像分割算法，也不存在一个判断分割成功与否的通用标准。

在图像型火灾探测技术中，火灾图像分割是火灾特征提取和识别的前提，在提高火灾探测系统的可靠性和有效性中起着非常重要的作用，它为火灾图像的特征提取、真假火灾的识别提供重要的参数依据。因此对火灾图像分割技术的研究有着非常重要的意义。

至今，针对火焰和烟雾的分割算法已有千种，但每种分割算法均有其局限性和适用范围，这是因为实际的图像是千差万别的，且图像在获取和传输过程中引入的种种噪声或者光照不均等因素导致图像数据质量不高，使得分割算法普适性差，针对性突出。根据已有研究，在图像型火灾探测中，常见的分割方法大致可分为灰度阈值分割法、运动检测法和颜色分割法。

（1）灰度阈值分割法

灰度图像是仅由一个采样颜色值表示的数字图像，每个像素点用由 0 到 255 的数值表示，通常表现为由黑到白的灰度，0 代表黑色，255 代表白色，中间数值代表黑白过渡的颜色，即灰度。数值越大，颜色越加靠近白色，反之越加趋于黑色。

灰度阈值分割法，是指通过设定灰度阈值，以此在灰度图像上进行目标分割，最终实现灰度图像上的目标与背景分离。灰度阈值分割法常用于火焰分割且效果良好，但其在烟雾分割上并不适用。这是因为火焰在灰度图像上表现出高亮度特点，这一特点在灰度图像中表现为火焰具有更高的灰度值，火焰的灰度值与背景的灰度值有较大的差异性，其灰度边缘明显。而烟雾的色彩、灰度梯度等图像特征不明显，特别当烟雾浓度较低时，其与背景区分不明显，仅通过灰度难以将烟雾分割出来。

火焰在灰度图像中表现出高灰度值特点，其灰度值与背景有较大的差异，且其内部灰度值差异性小，即火焰的灰度值在灰度图像中有特定的范围，而背景灰度值不在或只有少量背景像素点在火焰的特定灰度值范围内，因此只要找到该范围，火焰就不难分割出来，阈值法便是寻求火焰灰度值范围的分割方法。阈值法分为手动选取阈值法和动态阈值法。手动选取阈值法又分为单阈值分割法和多阈值分割法。动态阈值法又分为迭代阈值法、OSTU 阈值法（图 7-1）和最大熵阈值法。下面对 OSTU 阈值法进行简单的介绍。

OSTU 阈值法是一种通过求解最大类间方差的自动阈值的方法，将类间方差和阈值以函数形式联系，类间方差为因变量，阈值为自变量，求出函数最大值，即类间方差最大值，其对应的自变量阈值即为所求阈值。其基本思想如下：设图像像素数为 N，灰度范围为 $[0, L-1]$，对应灰度值的像素数为 N_i，概率为：

$$p_i = \frac{n_i}{N}, \ i = 0, 1, 2, \cdots, L-1 \tag{7-1}$$

$$\sum_{i=0}^{L-1} p_i = 1 \tag{7-2}$$

把图像中的像素按灰度值用阈值 T 分成两类，即 C_0 和 C_1，C_0 由灰度值在 $[0, T]$ 的像素组成，C_1 由灰度值在 $[T+1, L-1]$ 的像素组成，对于灰度分布概率，整幅图像的均值为：

$$u_T = \sum_{i=0}^{L-1} ip_i \tag{7-3}$$

则 C_0 和 C_1 的均值为：

$$u_0 = \sum_{i=0}^{T} \frac{ip_i}{\omega_0} \tag{7-4}$$

$$u_1 = \sum_{i=T+1}^{L-1} \frac{ip_i}{\omega_1} \tag{7-5}$$

其中

$$\omega_0 = \sum_{i=0}^{T} p_i \tag{7-6}$$

$$\omega_1 = \sum_{i=T+1}^{L-1} p_i \tag{7-7}$$

由上面式子可得

$$u_T = \omega_0 u_0 + \omega_1 u_1 \tag{7-8}$$

类间方差的定义为：

$$\delta_{\mathrm{B}}^2 = \omega_0 (u_0 - u_{\mathrm{T}})^2 + \omega_1 (u_1 - u_{\mathrm{T}})^2 = \omega_0 \omega_1 (u_0 - u_1)^2 \tag{7-9}$$

让 T 在 $[0, L-1]$ 内依次取值，找出使 δ_{B}^2 最大的 T 值，即为 OSTU 法的最佳阈值。

(a) 火焰图像　　　　　　　　(b) 火焰分割结果

图 7-1　OSTU 阈值法用于火焰分割

（2）运动检测法

在监控系统中，监控区域背景是缓慢变化的，在短时间内甚至是不变的，只有当出现不属于原来区域的外来物体时，背景才会发生明显变化。背景本身是相对静止的背景，没有运动物体，当火焰或烟雾出现时，火焰或烟雾出现的区域发生明显变化，在图像模型中表现出灰度、亮度或颜色等特征值的变化，利用这些特征值，通过运动检测可较好地将火焰或烟雾分割出来。根据前人的研究，运动检测法通常分为背景减法（图 7-2）和帧间相差法。

背景减法是通过将视频序列当前帧与背景帧图像相减实现目标分割的图像分割方法。具体是利用当前帧图像相对于背景帧图像在像素点上图像特征值如灰度值等的变化，通过设定阈值将图像二值化，最终实现目标分割。

帧间相差法与背景减法相似，唯一不同的是背景帧的差别。帧间相差法通过对当前帧与前一帧图像进行作差处理，前一帧相当于背景减法的背景帧，设定判定阈值，将运动物体分割出来。该运动检测法不仅可以将运动目标分割出来，同时可以很好地描述运动物体的运动轨迹。

背景减法在火灾图像分割中的分割效果好，其分割目标较为完整，而帧间相差法通常只能分割出边缘部分，分割目标不完整，因此在火灾图像分割中，常常使用背景减法。背景减法可采用式（7-10）。背景图像也在缓慢变化的，采用式（7-11）来进行背景图像的更新。

$$X(x, y) = \begin{cases} 1 & \text{if} |g(x, y, j) - g(x, y, k)| > T \\ 0 & \text{其他} \end{cases} \tag{7-10}$$

$$g(x, y, k+1) = \begin{cases} (1-\alpha) \times g(x, y, j) + \alpha \times g(x, y, k) & \text{if}\quad X(x, y) = 0 \\ g(x, y, k) & \text{if}\quad X(x, y) = 1 \end{cases}$$
$$\tag{7-11}$$

式中：$X(x,y)$为前景图像点(x,y)的像素值；$g(x,y,j)$和$g(x,y,k)$为灰度图像上点(x,y)的像素值，j为当前帧，k为背景帧；$g(x,y,k+1)$为更新后的背景像素点；α为常数，$0<\alpha<1$。

(a)烟雾图像   (b)烟雾分割结果

图7-2　背景减法用于烟雾分割

(3)颜色分割法

图像是一种将三维空间映射到二维平面的表现形式，实现了三维物体在平面上的可视化。由摄像头等光学仪器采集到的图像多为RGB图像，图像上像素点通过R、G、B三色值描述物体。除此之外，通过对原RGB图像进行特殊处理可以得到其他类型的图像，如二值图像、灰度图像、HSI颜色空间模型图像等，每一类图像通过其独特的像素值描述物体。火焰和烟雾具有独特的颜色信息，具体在颜色空间上表现出一定的阈值范围，只要找到该阈值范围，即可将火焰或烟雾分割出来。目前，图像颜色模型有RGB颜色空间模型、HSL颜色空间模型、HSV颜色空间模型等，利用火焰或烟雾在各类颜色空间上表现出的特定阈值范围，以此实现火焰或烟雾的分割，这就是火灾图像分割中的颜色分割法。

作为最常见的颜色空间模型，RGB颜色空间模型有着简单、易操作的优点。由摄像头等光学仪器采集到的RGB火灾图像可直接进行阈值判定来进行火焰分割，而不需进行额外的运算。火焰通常表现为红色、黄色和白色的物体，其在RGB空间中R值偏大的特点表现得较为突出，因此直接利用红色分量的阈值判定即可将火焰较好地分割出来(图7-3)。式(7-12)为基于RGB颜色空间模型的火焰分割，它为常见的基于颜色的火焰分割方法之一。

$$g(i,j)=\begin{cases}1 & \text{if} \quad R(i,j)\geqslant T \\ 0 & \text{其他}\end{cases} \qquad (7-12)$$

2. 特征提取

世间万物，形形色色，各个个体之间既相互联系又相互区别。每个个体均有其独立性，这是其与其他物体区分的唯一依据。比如篮球和足球，同样是球形物体，却因为其个体大小、颜色等特征彼此相互独立。在图像型火灾探测中，特征的提取尤为重要，只有找

(a) 火焰图像   (b) 火焰分割结果

图 7-3 基于 R 分量的火焰分割

到火焰或烟雾的独立特征，才能够保证火灾识别的有效性。在火焰中常用的特征有面积增长率、圆形度、面积重叠率等，在烟雾中常用的特征有纹理特征、湍流特征等。

（1）面积增长率

火灾发生初期，火苗不断跳动，蔓延扩大，图像上表现为高亮度区域持续增长，相对固定的物体其面积变化率比较小。在图像处理中，通过阈值分割后提取出目标，再统计出目标物体的像素点来计算面积。可以采用对连续几帧图像的火焰面积计算其比值的方法来判断是否为火焰，用火灾面积增长率 G_i 作为判据。可由下式计算 G_i：

$$G_i = \frac{\text{area}(R_i)_t - \text{area}(R_i)_{t_0}}{t - t_0} \tag{7-13}$$

式中：R_i 为火焰区域，$\text{area}(R_i)_t$、$\text{area}(R_i)_{t_0}$ 分别是 t、t_0 时刻高亮区域面积。

（2）圆形度

早期火焰形状极不规则，大部分固定的干扰源（例如白炽灯）轮廓比较规则。而圆形度是计算物体的形状复杂程度的特征量，其定义为：

$$C_k = \frac{4\pi A_k}{P_k^2}, \ k = 1, 2, \cdots, n \tag{7-14}$$

式中：C_k、A_k、P_k 分别为第 k 个图元的圆形度、面积、周长；n 为图元个数。物体形状越接近圆形，则 C_k 越大，反之形状越复杂 C_k 越小，C_k 的值在 0 和 1 之间。因此，设定一个阈值 C_0，当 $C_k > C_0$ 时，认为该图元轮廓较规则，排除是火焰；当 $C_k < C_0$ 时，认为该图元轮廓不规则，满足火焰轮廓特征。

（3）面积重叠率

火灾发生初期，火苗是不断跳动的，并且其跳动不会偏移中心点很远的距离，表现在图像上为：在连续几帧图像中，高亮区域的面积是不断变化的，并呈现增长的趋势，同时相邻两帧之间高亮区域的面积会有一定程度的重叠，一般在 0.1~0.4。高亮区域的面积重叠率比较小，接近于 0；固定光源的面积重叠率会比较大，接近于 1。根据这一特性，可以识别火焰和干扰物体。

（4）湍流特征

烟雾属于湍流现象，烟雾图像的轮廓具有不规则性，随着时间不断变化，并且其空间分布也在不断变化。熊子佑在研究中首先提出了利用湍流特征来识别烟雾的方法。该研究认为由于火焰和烟雾都是湍流现象，湍流现象的轮廓复杂性可以利用二维图像周长和面积的比或者三维图像表面积和体积的比来衡量。因此，识别火灾烟雾的一种方法是找出烟雾图像区域的周长和面积，然后代入以下方程：

$$\Omega_2 = \frac{P}{2\pi^{1/2} \cdot A^{1/2}} \tag{7-15}$$

式中：P 为烟雾前景图像区域的周长；A 为前景图像区域的面积。对 Ω_2 进行了归一化，这样当前景图像区域为圆形时，Ω_2 的值为 1。当前景图像区域的形状复杂度增加时，Ω_2 的值也增加。

对于摄像机采集到的视频序列，Ω_2 的值可以用来判断烟雾的存在。一个不考虑尺寸的区域，它的湍流性质可以通过找出其周长和面积的幂指数关系，即以下方程来判断：

$$P = c(A^{1/2})^q \tag{7-16}$$

湍流现象的存在可以通过判断周长 P 和面积 A 随变量 q 的关系来判断，其中 c 为常数。例如已有基于雨云的研究，一个湍流区域的数值 q 近似为 1.350。

利用湍流特征识别烟雾时，可以首先将烟雾图像的周长和面积代入到式(7-16)中，求出数值 q 的变化范围 $[q_1, q_2]$，然后将当前需要判断的前景图像的周长和面积代入到以上方程中，求出当前图像的数值 q_0，如果在区间 $[q_1, q_2]$ 内，则可判断当前图像为烟雾图像。

2. 火灾识别

在获取可疑目标的特征后，需将特征代入到火灾识别算法中，根据算法的运算结果来判定火灾的发生与否。这是一个分类过程，将目标划分为火灾发生和火灾未发生两种情况。常用于火灾识别的分类器有支持向量机、贝叶斯分类器、BP 神经网络等。

（1）支持向量机

支持向量机(support vector machine, SVM)是在统计学习理论的基础上发展出的新型模式识别方法。传统的模式识别方法，例如神经网络，均着眼于最小化经验训练误差，而 SVM 旨在通过最大化分类面与数据的间距来最小化泛化误差的上界。在小样本、非线性和高维空间模式识别问题中，SVM 仍然有很好的泛化能力，相对于传统的经验风险最小化原则有很多优势，因此 SVM 已经被成功应用于诸多模式识别问题中。

（2）贝叶斯分类器

贝叶斯分类器是各种分类器中分类错误概率最小或者在预先给定代价的情况下平均风险最小的分类器。它的设计方法是一种最基本的统计分类方法。其分类原理是通过某对象的先验概率，利用贝叶斯公式计算出其后验概率，即该对象属于某一类的概率，选择具有最大后验概率的类作为该对象所属的类。

应用贝叶斯网络分类器进行分类主要分成两个阶段。第一个阶段是贝叶斯网络分类器的学习，即从样本数据中构造分类器，包括结构学习和 CPT 学习；第二个阶段是贝叶斯网络分类器的推理，即计算类节点的条件概率，对分类数据进行分类。这两个阶段的时间复杂性均取决于特征值间的依赖程度，甚至可以是 NP 完全问题，因而在实际应用中，往往需要对贝叶斯网络分类器进行简化。根据对特征值间不同关联程度的假设，可以得出各种贝叶斯分类器，Naive Bayes、TAN、BAN、GBN 就是其中较典型、研究较深入的贝叶斯分类器。

（3）BP 神经网络

人工神经网络无须事先确定输入输出之间映射关系的数学方程，仅通过自身的训练，学习某种规则，在给定输入值时得到最接近期望输出值的结果。作为一种智能信息处理系统，人工神经网络实现其功能的核心是算法。BP 神经网络是一种按误差反向传播（简称误差反传）训练的多层前馈网络，其算法称为 BP 算法，它的基本思想是梯度下降法，利用梯度搜索技术，以期使网络的实际输出值和期望输出值的误差均方差为最小。

基本 BP 算法包括信号的正向传播和误差的反向传播两个过程，即计算误差输出时按从输入到输出的方向进行，而调整权值和阈值则从输出到输入的方向进行。正向传播时，输入信号通过隐含层作用于输出节点，经过非线性变换，产生输出信号，若实际输出与期望输出不相符，则转入误差的反向传播过程。误差反传是将输出误差通过隐含层向输入层逐层反传，并将误差分摊给各层所有单元，以从各层获得的误差信号作为调整各单元权值的依据。通过调整输入节点与隐层节点的连接强度和隐层节点与输出节点的连接强度以及阈值，使误差沿梯度方向下降，经过反复学习训练，确定与最小误差相对应的网络参数（权值和阈值），训练即告停止。此时经过训练的神经网络即能对类似样本的输入信息，自行处理输出误差最小的经过非线性转换的信息。

7.2　光纤探测技术

7.2.1　概述

20 世纪光纤技术的快速发展，为许多科学领域带来了深刻的影响和变化。由于工业生产的需要，国外在 20 世纪 60 年代开始对光纤电流传感器进行研究。英国中央电学研究实验所等机构首先提出，光纤通信技术可以应用到法拉第传感器的元件上。以此，带来了一种新的学科——光纤传感器技术。它将光纤附着在或内置在被测物体中，随着外界物理量的变化，光纤本身的某些特性发生变化，通过采集并测量这些变化，实现对物理量的检测。一般来说，所采集的变化量包括光强、相位、偏振态和波长等。

在 1978 年，光纤的光栅效应第一次被加拿大渥太华通信研究中心的 Hill 等研究人员在掺锗光纤中观察到，而掺锗光纤中光栅效应的产生则主要是由其本身的光敏特性所致。后来，研究人员利用光纤的这种特性研制出了世界上第一根光纤光栅。

光纤光栅是一种折射率沿其长度方向周期性变化的新型光纤无源器件，它是应用在光纤通信系统中的一种非常重要的光波导无源器件。当有一束激光通过掺杂光纤时，其折射率会随着光强的空间分布而发生相应的变化，这一变化的大小和光强呈线性关系，被永远地保存下来便形成了栅区。此栅区从根本上说其实就是一个带滤波器或反射器。利用光纤光栅的这一特性，已经制作出了波分复用器、滤波器、放大器、光纤光栅传感器和激光器等多种新型无源光器件。

光纤光栅传感器是光纤传感技术领域的研究热点，也是进行应力和温度测量的有力竞争者。它们相较传统的传感器有许多先进性，例如灵敏度高、防电磁干扰、耐腐蚀、避免接地回路、带宽大和远程操控能力等。在光纤若干个部位写入不同栅距的光纤光栅，就可以同时测定若干部位相应物理量及其变化，即实现分布式光纤传感。以光纤光栅为传感基元研制的新型传感器，其感测过程可通过外界参量对光纤光栅中心波长或带宽的调制来实现，波长调制（或波长编码）是其较大的优点。与基于强度的探测系统不同，光纤光栅传感器的探测能力与光源的强度涨落、连接器的损耗等无关，它代表着新一代光传感的发展方向。

通常，火灾发生时，常伴随多种可观测的信号，比如气体、火焰、烟雾、温度等。通过对这些信号进行实时探测，火灾探测器可以实现对火灾的检测和预警。然而传统火灾探测器具有较大的局限性，在一些场所中并不适用，且易受干扰物的影响，产生漏报、误报现象。比如隧道内会有恒定的纵向风存在，传统的火灾探测器由于其技术限制或使用场所限制，并不适用于隧道火灾探测。纵向风会加强传导冷却作用，导致温度上升减慢，影响观测数据的可靠性。在这种情况下，具备良好的抗干扰能力和更高可靠性的光纤光栅火灾探测技术就能够实现对监测目标的温度进行实时监测。继而，分布式感温光纤火灾监测系统被设计出来。分布式感温光纤火灾监测系统是新一代分布式光纤测温与火灾探测系统，可以实现巷道中的工作面、采空区、煤层深部（需要埋设光纤）、煤层表面、电缆隧道、电缆桥、输煤皮带、储煤场的火情探测，把事故消灭在萌芽状态。

分布式光纤感温技术是近年发展起来的一种实时、在线、多点的温度传感技术，可用于实时测量温度场。在分布式光纤温度传感系统中，光纤既是传感器又是信号传输通道，系统利用光纤所处空间温度场对光纤中的向后散射光信号进行调研，再经过信号调解、采集和处理将温度信息实时显示出来。在时间上，利用光纤中光波的传输速度和后向光回波的时间差，结合 OTDR 技术对所测温度点进行准确定位。分布式光纤感温系统中的检测光纤不带电、抗射频和电磁干扰，防燃、防爆、抗腐蚀、耐高压和强电磁场、耐电离辐射，能在有害的环境中安全运行，在很多高温、高热等恶劣环境下具有特殊优势，近年来已广泛应用于煤矿的自燃火灾监测系统。

分布式光纤传感技术具有同时获取在传感光纤区域内随时间和空间变化的被测量分布信息的能力，其基本特征为：

①分布式光纤传感系统中的传感元件仅为光纤。

②一次测量就可以获取整个光纤区域内被测量的一维分布图，将光纤架设成光栅状，就可测定被测量的二维和三维分布情况。

③系统的空间分辨力一般在米的量级，因而对被测量分布信息在更窄范围的变化一般只能观测其平均值。

④系统的测量精度与空间分辨力一般存在相互制约关系。

⑤检测信号一般较微弱，因而要求信号处理系统具有较高的信噪比。

⑥由于在检测过程中需进行大量的信号加法平均、频率的扫描、相位的跟踪等处理，因而实现一次完整的测量需较长的时间。

分布式光纤传感技术一经出现，就得到了广泛的关注和深入的研究，并且在短短的十几年里得到了飞速的发展。依据信号的性质，该类传感技术可分为 4 类：①利用后向瑞利散射的传感技术；②利用拉曼效应的传感技术；③利用布里渊散射的传感技术；④利用前向传输模耦合的传感技术。

7.2.2　光纤光栅工作原理

如图 7-4 所示，光纤光栅具有较精巧的结构。在制作光纤光栅的过程中，一般取一段纤芯掺锗的单模光纤，并让其在紫外光下照射，形成干涉条纹。经过一段时间后，纤芯折射率会沿光纤轴线方向周期性调制，形成布拉格体全息光栅。

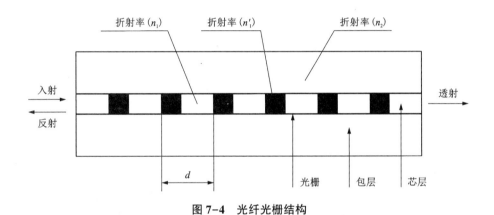

图 7-4　光纤光栅结构

在宽带光入射的条件下，布拉格体全息光栅会有选择地对入射光波长进行反射。其中，一部分中心波长与纤芯折射率相位调制相匹配的窄带光（带宽为 0.1~0.5 nm）会被反射回来，而其余的光都被透射出去。一般，将中心波长称为布拉格波长。光纤光栅传感的基本原理是利用光纤光栅的有效折射率和光栅周期对外界参量的敏感特性，将外界参量的变化转化为其布拉格波长的移动，通过检测光栅反射的中心波长移动实现对外界参量的测量。布拉格波长与光栅的有效折射率和空间周期密切相关，其具体关系可用式（7-17）表示。

$$\lambda_B = 2n_{eff}d \tag{7-17}$$

式中：λ_B 为布拉格波长；n_{eff} 为光纤光栅的有效折射率；d 为光纤光栅的空间周期。

温度具有热膨胀效应和热光效应，两者分别决定当前环境下的光栅周期和光栅的有效折射率，使布拉格波长发生漂移。当温度变化 ΔT 时，有效折射率亦随之改变，其值见式（7-18）。

$$\Delta n_{eff} = \xi \cdot n_{eff} \cdot \Delta T \tag{7-18}$$

式中：ξ 为热光系数。

同时，温度的变化还会引起光栅周期的变化，见式(7-19)。

$$\Delta d = \eta \cdot d \cdot \Delta T \qquad (7\text{-}19)$$

综合式(7-17)~式(7-19)，并且让掺锗石英光纤的 ξ 值为 $7.0 \times 10^{-6}/℃$，η 为 $0.5 \times 10^{-6}/℃$，可计算在一定温度变化下的布拉格波长漂移，见式(7-20)。

$$\Delta\lambda_B/\lambda_B = (\xi + \eta) \cdot \Delta T = 7.5 \times 10^{-6}\Delta T \qquad (7\text{-}20)$$

可见，在无应变作用时，布拉格波长漂移与温度变化成线性关系。在数据处理软件中根据各点布拉格波长的漂移量计算温度变化量和各点的温度值。

7.2.3　基于光纤光栅的火灾探测系统

基于光纤光栅的火灾探测系统结构如图7-5所示，该系统由光纤光栅传感器、波长解调装置、数据采集、处理和显示/报警单元组成。其中，光纤光栅传感器由具有不同布拉格波长的光栅串联而成，由于光波分复用技术的采用各个监测信道不会互相干扰；信号采集和处理装置由软硬件组成，通过高速数字处理器和数模转换芯片实现数据采集、处理和温度解调，再由计算机数据库系统对数据进行统计、存储、显示和预警。

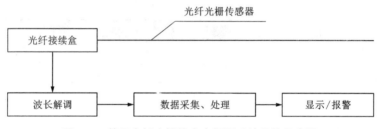

图7-5　基于光纤光栅的火灾探测系统结构示意图

火灾探测系统的设计不仅要考虑到光纤光栅传感器的测量范围，还要考虑到波长解调装置的测量范围、分辨能力和容量。由式(7-21)可计算在 1550 nm 窗口下光纤光栅火灾探测系统的温敏系数：

$$\Delta\lambda_B/\lambda_B = 7.5 \times 10^{-6} \times 1550 = 11.625 \text{ pm}/℃ \qquad (7\text{-}21)$$

一般波长解调器的分辨能力达到 1 pm，所以探测系统的测温分辨率不大于 0.1℃，假定温度的变化范围 ΔT 为200℃，则布拉格波长的偏移 $\Delta\lambda_B$ 将达到 2 nm。由于系统的光源带宽受限，单根光纤上所能复用的探测光栅数量一般少于 20 个，因此成本相对较高。一般情况下，为了提高火灾探测系统的复用能力，往往采用光纤光栅波分复用技术。

以隧道为例，波分复用与全同光纤光栅混合复用的方法如图7-6所示，系统将隧道分为多个监测区，不同监测区域以全同光栅的波长 $\lambda_1, \lambda_2, \cdots, \lambda_n$ 进行区分，每个区域的长度为 50~100 m，所有的区域共享一套解调与计算机控制系统。$\lambda_1, \lambda_2, \cdots, \lambda_n$ 中每一个波长对应的监测区内有许多监测点，同一监测区的所有监测点采用全同光栅，通常100 m 的监测区布设 10~15 个监测点，这些监测点上的光纤光栅的反射波长都等于该区域的对应波长。如果系统检测到 λ_i 波长产生了移动，就表明它所监测的隧道区域发生了火警。通过这种混合复用的方法，大大增加了系统的测量距离和测量点数，使之能够应用到长距离的隧道工程中去。

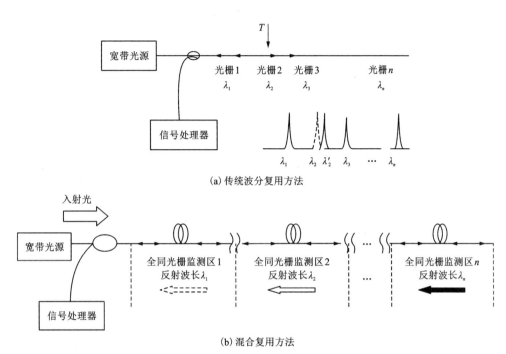

(a) 传统波分复用方法

(b) 混合复用方法

图 7-6　复用方法示意图

表 7-1 为深圳市检测科技有限公司提供的两种光纤光栅温度传感器产品参数。

表 7-1　相关光纤光栅温度传感器产品参数

传感器	增强型光纤光栅温度传感器	无增强型光纤光栅温度传感器
量程/℃	−30~+120	−30~+120
分辨率/℃	0.05	0.1
波长范围/nm	1510~1590	1510~1590
安装方式	表面黏接或埋入	表面黏接或埋入

7.3　无线、远程火灾自动报警技术

7.3.1　概述

大型复杂建筑物、人员密集型场所、地下建筑物、危险品存放地点等的大量涌现,使原有的报警系统越来越不能满足需求。扩大监控区域、克服复杂建筑铺设线缆困难、设备安装方便、减少漏报误报、降低成本等成为设计新的火灾报警系统的目标。

现有的火灾报警系统多采用有线技术进行火灾传感器网络的组建,这类方案的特点是扩展性能差、布线烦琐、影响美观。由于采用硬线连接线路,容易老化或遭到腐蚀、鼠咬、磨损,故障发生率较高,误报警率高。采用无线传输方式构建的无线火灾传感器网络恰好可以避免这些问题。相对而言,无线的方式比较灵活,避免了重新布线的麻烦,网络的基础设施不再需要掩埋在地下或隐藏在墙里,可以适应移动或变化的需要。

无线式火灾自动报警系统伴随物联网技术发展起来,并日益得到广泛关注。基于无线通信技术的火灾报警系统,能有效避免有线式火灾报警系统的弊端,即安装维护成本高、信息交互烦琐、升级改造难度大、对建筑物使用功能变化的适应性差等。在实际无线式火灾报警系统设计中,应综合考虑系统的规模及通信容量、系统的开放性、联动消防设备的种类等。

无线式火灾自动报警系统,其控制器的通用监控终端基于嵌入式 Linux 系统,经由 Qtopia Core 界面的 Socket 信息通信,实现火灾灾情的实时监测与设备联动。其中,监控终端涵盖了火灾探测器的性能监控、监控信息的获取、信息处理,并监测火灾信息、火灾预警以及消防设备的联动等功能。基于 Linux 的监控系统包括系统层、驱动层、程序层以及 GUI 层。其中,系统层包括文件系统(只读压缩 cramfs 文件系统以及可读写 yaffs 文件系统)、Linux 内核、Bootloader 等主要部分;驱动层中包括实现系统各项功能所需的各项硬件驱动,如并串口、网卡驱动等;程序层提供了火灾报警控制器终端程序,通过该层次可实现火灾灾情信息的实时监测以及信息交互,控制火灾。

在对现有建筑物进行火灾自动报警系统的设计时,首先需预估系统的通信规模,结合建筑物现有火灾报警装置的应用现状以及功能需求等进行针对性的选择。无线通信系统开放性较强,其信息交互的范围以及传输速率受建筑体规模及障碍物影响较大,一方面,无线通信火灾报警装置可作为大规模建筑物有线报警系统的补充,即 CAN 总线与无线相结合场景,以提升系统的火灾监测报警的灵活性以及精确性能;另一方面,对于小规模建筑物火灾自动报警系统的设计可优先考虑无线通信系统的设计,即全无线通信场景,以保证信息的实时监测及传输。无线式火灾自动报警系统架构如图 7-7 所示,它系统涵盖了火灾报警控制器、中继模块以及现场模块等部分。

其中,中继模块起到信息交换的媒介作用,建立局部无线网络,并经由 433 M 射频模式接入现场模块,具有较好的抗干扰性能;中继模块可通过有线(总线通信)或无线(433 M

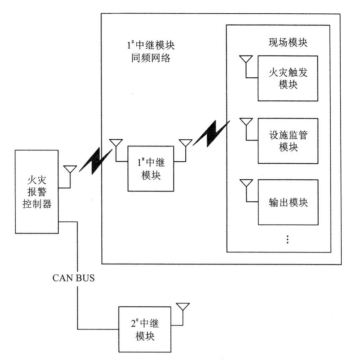

图 7-7　无线式火灾自动报警系统架构图

射频或 GPRS 通信)连接方式与总控制器建立连接,当接到火灾报警信息时,能够及时上传信号至总控制器,联动消防设备,现场模块涵盖了火灾触发(探测器、报警按钮等)、设施监管(防火门以及消防设备的检测)和输出(联动输出、声光报警)等部分。报警控制器可与不同中继模块建立连接,以完成诸如火灾触发、设备监管以及输出联动等多方面的功能,并通过跳频模式建立网络连接,提升信号交互的稳定性。

7.3.2　无线通信(数据)传输技术

无线通信(数据)传输技术大致可以分为远距离无线通信技术和近距离无线通信技术。

1. 远距离无线通信技术

目前偏远地区广泛应用的无线通信技术主要有 GPRS/CDMA、数传电台、扩频微波、无线网桥及卫星通信、短波通信技术等。它主要使用在较为偏远或不宜铺设线路的地区,如:煤矿、海上、有污染或环境较为恶劣地区等。

(1)GPRS/CDMA 无线通信技术

GPRS(通用分组无线业务)是由中国移动开发运营的一种基于 GSM 通信系统的无线分组交换技术,是介于第二代和第三代的技术,通常称为 2.5 G。它是利用包交换概念发展的一种无线传输方式。GPRS 网络同时支持电路型数据和分组交换数据,从而 GPRS 网络能够方便地和因特网互相连接，相比原来的 GSM 网络的电路交换数据传送方式，GPRS 的分组交换技术具有"实时在线""按量计费""高速传输"等优点。CDMA（码分多址）是由中国电信运行的一种基于码分技术和多址技术的新的无线通信系统，其原理基于扩频技术。其特点是抗干扰能力强、抗衰落能力强、信号隐蔽性强、抗截获的能力强、可以多用户同时接收发送。

（2）数传电台通信

数传电台是数字式无线数据传输电台的简称。它是采用数字信号处理，数字调制解调，具有前向纠错、均衡软判决等功能的一种无线数据传输电台。数传电台的工作频率大多使用 220~240 MHz 或 400~470 MHz 频段，具有数据兼容、数据传输实时性好、专用数据传输通道、一次投资、没有运行使用费、适用于恶劣环境、稳定性好等优点。

（3）扩频微波通信

扩频微波通信，即扩展频谱通信技术，是指其传输信息所用信号的带宽远大于信息本身带宽的一种通信技术，最早使用于军事通信。它传输的基本原理是将所传输的信息用伪随机码序列（扩频码）进行调制，伪随机码的速率远大于传送信息的速率，这时发送信号所占带宽远大于信息本身所需的带宽，实现了频谱扩展，同时发射到空间的无线电功率谱密度也有大幅度降低。在接收端则采用相同的扩频码进行相关解调并恢复信息数据，其主要特点为：抗噪声能力极强；抗干扰能力极强；抗衰落能力强；抗多径干扰能力强；易于多媒体通信组网；具有良好的安全通信能力；不干扰同类的其他系统等。另外，它还具有传输距离远、覆盖面广等特点，特别适合野外联网应用。

（4）无线网桥

无线网桥是无线射频技术和传统的有线网桥技术相结合的产物。无线网桥是为使用无线（微波）进行远距离数据传输的点对点网间互联而设计的。它是一种在链路层实现 LAN 互联的存储转发设备，可用于固定数字设备与其他固定数字设备之间的远距离（可达 50 km）、高速（可达百兆 bps）无线组网。扩频微波和无线网桥技术都可以用来传输对带宽要求相当高的视频监控等大数据量信号。

（5）卫星通信

卫星通信是指利用人造地球卫星作为中继站来转发无线电信号，从而实现在多个地面站之间进行通信的一种技术。卫星通信的特点：覆盖范围广，工作频带宽，通信质量好，不受地理条件限制，成本与通信距离无关等。其主要用在国际通信、国内通信、军事通信、移动通信和广播电视等领域。卫星通信的主要缺点是通信具有一定的延迟，主要原因是卫星通信的传输距离较长，无线电波在空中传输是有一定延迟的。

（6）短波通信

短波通信是指利用短波进行的无线电通信，又称高频（HF）通信。短波通信的特点：建设维护费用低，周期短，设备简单，电路调度容易，抗毁能力强，频段窄，通信容量小，天波信道信号传输稳定性差等。长期以来，短波通信广泛用于政府、军事、外交、气象、商业等领域，用以传送电报、电话、传真、低速数据和图像、语音广播等信息。

2. 近距离无线通信技术

近距离无线通信技术是指通信双方通过无线电波传输数据，并且传输距离在较近的范围内，其应用范围非常广泛。近年来，应用较为广泛及具有较好发展前景的近距离无线通信标准有 ZigBee、蓝牙(bluetooth)、无线宽带(Wi-Fi)、超宽带(UWB)和近场通信(NFC)。

①ZigBee。ZigBee 是基于 IEEE 802.15.4 标准而建立的一种短距离、低功耗的无线通信技术。其特点是传输距离近、低功耗、低成本、低速率、短时延等，主要适用于家庭和楼宇控制、工业现场自动化控制、农业信息收集与控制、公共场所信息检测与控制、智能型标签等领域，可以嵌入各种设备。

②蓝牙(bluetooth)。蓝牙(bluetooth)是在 1998 年 5 月由东芝、爱立信、IBM、Intel 和诺基亚等公司共同提出的一种近距离无线数据通信技术标准。它能够在 10 米的半径范围内实现点对点或一点对多点的无线数据和声音传输，其数据传输带宽可达 1 Mbps，通信介质为频率在 2.402 GHz 到 2.480 GHz 之间的电磁波。蓝牙技术可以广泛应用于局域网络中各类数据及语音设备，如 PC、拨号网络、笔记本电脑、打印机、传真机、数码相机、移动电话和高品质耳机等，蓝牙的无线通信方式将上述设备连成一个微微网，多个微微网之间也可以实现互连接，从而实现各类设备之间随时随地进行通信。蓝牙技术被广泛应用于无线办公环境、汽车工业、信息家电、医疗设备以及学校教育和工厂自动控制等领域。蓝牙目前存在的主要问题是芯片大小和价格较高及抗干扰能力较弱。

③无线宽带(Wi-Fi)。Wi-Fi 诞生于 1999 年，它是一种基于 IEEE 802.11 协议的无线局域网接入技术。Wi-Fi 技术突出的优势在于它有较广的局域网覆盖范围，其覆盖半径可达 100 米，相比于蓝牙技术，Wi-Fi 覆盖范围较广；传输速度非常快，其传输速度可以达到 11 Mbps(802.11b)或者 54 Mbps(802.11a)，适合高速数据传输的业务；无须布线，可以不受布线条件的限制，非常适合移动办公用户的需要。在一些人员密集的地方，比如火车站、汽车站、商场、机场、图书馆、校园等地方设置"热点"，可以通过高速线路将因特网接入上述场所。用户只需要将支持无线网络的终端设备放在该区域内，即可高速接入因特网；健康安全，具有 Wi-Fi 功能的产品发射功率不超过 100 mW，实际发射功率为 60 ~ 70 mW，与手机、手持式对讲机等通信设备相比，Wi-Fi 产品的辐射更小。

④超宽带(UWB)。UWB 是一种无载波通信技术，利用纳秒至微秒级的非正弦波窄脉冲传输数据，其传输距离通常在 10 M 以内，使用 1 GHz 以上带宽，通信速度可以达到几百兆 bit/s。UWB 的工作频段范围从 3.1 GHz 到 10.6 GHz，最小工作频宽为 500 MHz。其主要特点：传输速率高；发射功率低，功耗小；保密性强；UWB 通信采用调时序列，能够抗多径衰落；UWB 所需要的射频和微波器件很少，可以降低系统的复杂性。由于 UWB 系统占用的带宽很高，UWB 系统可能会干扰现有其他无线通信系统。UWB 主要应用在高分辨率、较小范围、能够穿透墙壁、地面等障碍物的雷达和图像系统中。军事部门利用 UWB 技术已经开发出了高分辨率的雷达。据相关报道，一些具有特殊功能的 UWB 收发器已经被开发出来，用在了能够穿透地面、墙壁、身体等障碍物的雷达和图像装置中，这种装置可以用来检查楼房、桥梁、道路等工程的混凝土和沥青结构中的缺陷，以及定位地下电缆及其他管线的故障位置，也可用于疾病诊断。另外，UWB 在救援、治安防范、消防及医疗、

医学图像处理等领域都大有用途。

⑤NFC。NFC 是一种新的近距离无线通信技术,由飞利浦、索尼和诺基亚等公司共同开发,其工作频率为 13.56 MHz,由 13.56 MHz 的射频识别(RFID)技术发展而来。它与目前广为流行的非接触智能卡 ISO14443 所采用的频率相同,这就为所有的消费类电子产品提供了一种方便的通信方式。NFC 采用幅移键控(ASK)调制方式,其数据传输速率一般为 106 kbps、212 kbps 和 424 kbps 三种。NFC 的主要优势:距离近、带宽高、能耗低,与非接触智能卡技术兼容,其在门禁、公交、手机支付等领域有着广阔的应用价值。NFC 的应用情境基本可以分为以下五类:接触-通过,主要应用在会议入场、交通关卡、门禁控制和赛事门票等方面;接触-确认/支付,主要应用在手机钱包、移动和公交付费等方面;接触-连接,这种应用可以实现 2 个具有 NFC 功能的设备实现数据的点对点传输;接触-浏览,用户可以通过 NFC 手机了解和使用系统所能提供的功能和服务;下载-接触,通过具有 NFC 功能的终端设备,使用 GPRS/CDMA 网络接收或下载相关信息,用于门禁或支付等功能。

7.3.3 ZigBee 技术

近年来人类在微电子机械系统、无线通信、数字电子方面取得的巨大成就,使得发展低成本、低功耗、小体积、短距离通信的多功能传感器成为可能。ZigBee 技术的出现解决了这些问题,将无线 ZigBee 传感器网络和人工智能结合可以大大提高火灾报警系统的可靠性,正是由于 ZigBee 技术具有功耗极低、系统简单、组网方式灵活、成本低、等待时间短等性能,相对于其他无线网络技术,它更适合组建大范围的无线火灾探测器网络。

1. ZigBee 技术产生背景

为了满足小型、低成本设备无线联网的要求,2000 年 12 月成立 IEEE 802.15.4 工作组,主要负责制定物理层和 MAC 层的协议,其余协议主要参照和采用现有的标准;高层应用、测试和市场推广等方面的工作则由成立于 2002 年 8 月的联盟负责,联盟由英国 Invensys 公司、日本三菱电气公司、美国 Motorola 公司以及荷兰 Philips 公司组成,如今已经吸引了上百家芯片公司、无线设备公司和开发商的加入。

2. ZigBee 技术概述

ZigBee 技术是一种近距离、低复杂度、低功耗、低数据速率、低成本的双向无线通信技术,主要适用于自动控制和远程控制领域,可以嵌入到各种设备中,同时支持地理定位功能。

一般而言,随着通信距离的增大,设备的复杂度、功耗以及系统成本都在增加,相对于现有的各种无线通信技术,ZigBee 技术将是功耗和成本最低的技术。但是 ZigBee 技术的数据速率低和通信范围较小的特点,又决定了 ZigBee 技术适用于承载数据流量较小的业务。ZigBee 技术可采用的拓扑模型有星型网络结构、网状型网络结构和树型网络结构(图 7-8)。

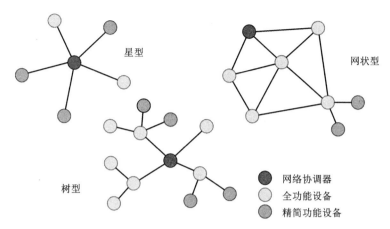

图 7-8　ZigBee 网络拓扑结构

3. ZigBee 技术优点

①省电。由于工作周期很短，收发信息功耗较低，并且采用了休眠模式，因此 ZigBee 技术可以确保 2 节五号电池支持 6 个月到 2 年左右的使用时间，不同的应用对应的功耗自然是不同的。

②可靠。采用了碰撞避免机制，同时为需要固定带宽的通信业务预留了专用时隙，避免了发送数据时的竞争和冲突。MAC 层采用了完全确认的数据传输机制，每个发送的数据包都必须等待接收方的确认信息。

③成本低。模块价格低廉，且 ZigBee 协议是免专利费的。

④时延短。针对时延敏感的应用作了优化，通信时延和从休眠状态激活的时延都非常短。设备搜索时延典型值为 30 ms，休眠激活时延典型值为 15 ms，活动设备信道接入时延为 15 ms。

⑤节点通信设置易于配置。

⑥网络容量大。ZigBee 可以采用星型-网状-树型结构组网，而且可以通过任一节点连接组成更大的网络结构。从理论上讲，其可连接的节点多达 64000 个。1 个 ZigBee 网络最多可以容纳 254 个从设备和 1 个主设备，1 个区域内可以同时存在最多 100 个 ZigBee 网络。

⑦安全。ZigBee 提供了数据完整性检查和鉴权功能，加密算法采用 AES-128，同时各个应用可以灵活确定其安全属性。

⑧全球通用性和完好的开放性。ZigBee 标准协议使 ZigBee 设备间的通信成为轻而易举的事情。

思考题

1. 图像型火灾探测技术与传统火灾探测技术有何区别？

2. 在某一火灾监控场所中，存在大量红色物体，并且长时间开灯，请问如果使用图像进行火灾火焰识别，那么在进行火焰分割时，应采取何种方式？

3. 为什么可以使用光纤光栅来进行火灾探测？

4. 与传统有线式火灾自动报警系统相比，无线式、远程火灾自动报警系统有何优势？

第8章

火灾自动报警系统应用实例

8.1 高层住宅建筑火灾自动报警系统设计

8.1.1 工程概况和自动报警系统的选择

该工程为商住楼,总建筑面积为 52000 m²,地下 1 层,地上 23 层。地下 1 层为设备用房,1~3 层为商场,4~23 层为住宅。

根据《建筑设计防火规范(2018 年版)》(GB 50016—2014, 2018 年版)和《火灾自动报警系统设计规范》(GB 50116—2013)的规定,该工程属于一类高层建筑,是一级保护对象。其建筑消防报警系统采用二总线,主要由以下几个部分构成。

1. 消防控制室

消防控制室设于地下 1 层,配有火灾报警控制器、总线联动控制盘、多线联动控制盘、消防电话总机、火灾广播等设备。

2. 报警设备

报警设备包括感温火灾探测器、感烟火灾探测器、消火栓按钮、手动火灾报警按钮、水流指示器和湿式报警阀等。

3. 传输线路

为了保证供电的安全可靠,消防设备的配电线路选用防火耐热的铜芯绝缘导线铜管敷设。导线截面的选择应适当放宽,因为在火灾发生时有可能因导线受热而使用电回路电阻增加。如果线路敷设于非燃烧体结构内,保护层厚度不应小于 30 mm;明设时在钢管上采取防火保护措施。通常把消防水泵的配电线路埋入地坪或楼板内,楼梯的事故照明则埋设在剪力墙或楼板内。

4. 联动控制

联动控制包括消防水泵、喷淋泵、正压送风机、防排风机、排烟阀、消防广播、消防电梯等设备,以及切断非消防电源等消防措施。地下层、商场、住宅部分的公共走廊、电梯前室和疏散楼梯等应设置应急照明和安全疏散指示标志。

8.1.2 火灾自动报警系统的设计

1. 消防供电

该建筑为一类防火建筑,采用双回路供电,以保证消防用电,并备有柴油发电机作为应急电源。消防用电设备的配电按防火分区进行,从配电箱至消防设备应是放射式配电。每个回路的保护分开设置,以免互相影响。配电线路不设剩余电流保护装置,根据需要设置单相接地报警装置,以便监测电路是否发生接地故障。

消防系统接地利用大楼共用接地装置作为其接地极,引下线利用建筑物钢筋混凝土柱内两根 $A16$ mm 以上主筋通长焊接。在消防控制室设置专用的接地端子板引至接地体,专用接地干线应采用通信绝缘导线,其芯线截面积不应小于 25 mm²。专用接地干线穿硬质塑料管埋设至接地体,共用接地电阻小于 1 Ω。由消防控制室接地端子板引至各消防电子设备的专用接地线选用铜芯绝缘导线,其芯线截面积不小于 4 mm²。

2. 火灾探测器和手动报警按钮的位置

依据规范,该工程均采用感烟火灾探测器。根据探测区域面积、楼层高度,采用如下公式:

$$N = \frac{S}{K \times A}(K \text{ 取 } 0.9) \tag{8-1}$$

式中:N、S、A 分别为火灾探测器只数、火灾探测区域面积、探测器的保护面积。先计算出应设置火灾探测器的数量,然后根据每只火灾探测器的保护半径将这些火灾探测器合理布置。每个防火分区至少设置 1 个手动报警按钮,并满足从 1 个防火分区内任何位置到最邻近的 1 个手动报警按钮的距离不大于 30 m 的要求。手动报警按钮应设置在公共活动场所出入口的明显位置,高度为 1.3~1.5 m。

3. 消防应急广播

该工程为一级保护对象,按规范宜设置消防应急广播系统。消防应急广播平时兼作背景音乐和正常广播用,共用一套播音设备。在走道和大厅等公共场所设置扬声器,每个扬声器功率不小于 3 W,其数量应能保证从每个防火分区内的任何部位到最近 1 个扬声器的距离不大于 25 m,走道内最后一个扬声器至走道末端的距离不大于 12.5 m。消防控制室内设置消防应急广播备用扩音机，其容量不应小于火灾时需同时广播的范围内消防应急广播扬声器最大容量总和的 1.5 倍。

4. 消防专用电话

按照规范，在消防水泵房、变配电室、电梯机房、消防电梯轿厢、备用发电机房、通风和空调机房、值班室、消防控制室设置了消防电话分机；在各层的手动报警按钮和消火栓报警按钮处设置电话插孔。消防电话总机与电话分机和电话插孔之间可以直接呼叫。在消防控制室内设置向消防部门直接报警的外线电话。

5. 消防联动控制

按照规范，消防水泵、喷淋泵、防烟和排烟风机等重要消防设备的起停控制采用总线编码模块控制，并在消防控制室内设置独立于总线的专用控制线路，应能手动直接控制。消防联动控制设备的动作状态信号均送至消防控制室。在对火灾确认后，消防控制室应能立即采取控制消防水泵、防烟和排烟风机的起停，切换消防广播，迫降所有电梯停于首层，启动应急照明，切断非消防电源等消防措施。消防联动控制系统的可靠性直接关系到消防灭火工作的成败。所有消防用电设备均采用双路电源供电，并在末端设自动切换装置。消防控制设备还要求以蓄电池作为备用电源。

8.1.3　火灾自动报警系统的配置方案

火灾自动报警系统的结构如图 8-1 所示。

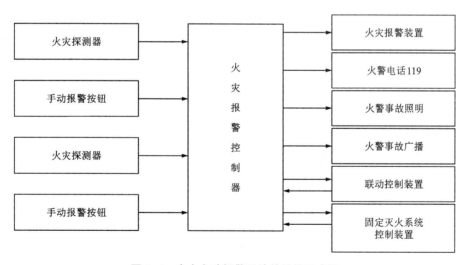

图 8-1　火灾自动报警系统的结构示意图

1. 火灾报警控制器

根据全楼编码点情况，设计选用 JB-TG-JBF-11S 型火灾报警控制器（联动型）。该控制器最大容量可扩展至 64 个回路，每个回路连接设备的总数不超过 200 点，可带 15 台火灾楼层显示器，可满足工程需要。

2. 消防广播设备

设计选用 120 V 定压输出的消防广播设备，采用总线制结构，在楼层通过消防广播切换模块控制楼层广播。

3. 消防电话主机

设计选用 JBF-11S/TC 型多线制消防电话主机。每个固定消防电话分机采用 HGT211A 型，独占 1 个消防电话主机中的 1 路，每层消防电话插孔 BN2714 并联占用 1 路。

4. 火灾自动报警系统接线

联动设备通过总线编码模块 JBF-14F-N 与探测器挂在同一总线上，实现全总线控制方式，通过联动逻辑关系实现对联动设备的自动控制。在总线制联动控制系统中，报警控制器和控制模块之间为二总线，由报警控制器发出起动命令，控制模块动作起动相关联动设备。

消防联动控制设备除采用火灾报警系统传输总线编码控制起停外，还要求能手动直接控制。

①选用 JBF-11S/CD8 多线制控制盘，用于控制消防泵、喷淋泵、排烟风机等重要消防设备的起停。

②用作防火分隔的防火卷帘，在感烟火灾探测器动作后下降到底。疏散通道上的防火卷帘，在其两侧设置感烟、感温火灾探测器组，分两步控制下降到底。感烟火灾探测器动作后，防火卷帘下降距地（楼）面 1.8 m；感温火灾探测器动作后，防火卷帘下降到底。

③应急照明平时作为正常照明的一部分，灯具内置蓄电池，火灾时自动点亮。

8.2 地铁火灾自动报警系统设计

本节以某一条地铁线路为例，主要从设计方案、系统功能方面简要介绍地铁火灾自动报警系统设计。

8.2.1 总体设计思路

地铁是一个特殊的公共建筑物，多在地下，人流聚集。地铁工程的防救灾工作具有十分重要的意义。地铁 FAS 的设计思路可概括为：

①从国家法律法规出发，考虑系统设计方案的合法性、正确性和可行性。

②从建设角度出发，考虑系统设计方案的经济性、实用性和先进性。

③从运营角度出发，考虑系统的安全性、可靠性和可维护性。

④从工程实施的角度出发，考虑系统的接口简单性、可实施性、方便性。

要充分采用既有城市轨道交通成熟的设计经验，严格遵守国家规范、标准和地方法规，确定设计原则，本着系统架构简捷、易于扩展、风险分散、功能实用的系统设计思路，本着接口全面、清晰、质量保证、内控严密、各阶段重点目标突出及针对性强的项目实施思路，本着便于防灾指挥、运行、维护维修的运营保障思路，进行经济技术方案比较，以达到最佳的性能价格比。

8.2.2 主要设计原则

①火灾自动报警系统设计要贯彻国家"预防为主，防消结合"的消防工作方针，严格执行国家和行业有关规范和标准，并要征得消防部门的同意。做到安全可靠、技术先进、经济合理。

②考虑可能发生的灾害种类及其危害程度，FAS 设计主要针对火灾。

③FAS 联动设计能力按全线同一时间内发生一次火灾考虑。

④FAS 实现中心、车站两级管理模式，中心、车站、就地三级控制方式。

⑤FAS 在车站级、中心级与 ISCS 互联。

⑥车辆基地的车辆停放和各类检修车库的停车线部位、燃油车库、可燃物品仓库、重要用房设火灾自动报警装置，其他一般单体建筑按规范设置火灾自动报警设备。

⑦每个车站管辖范围包括本车站及相关区间的消防设备。

⑧全线的防灾指挥中心设在控制指挥中心内，车站、车辆基地等各级防灾指挥中心分别设在车站控制室、车辆基地的消防值班室或运转值班室内。

⑨车站的防排烟系统和送排风系统共用的通风空调系统设备，由环境与设备监控系统（BAS）控制，发生火灾时，FAS 提供接口根据火灾情况向 BAS 发出启动火灾模式指令，BAS 接收到此指令后，根据指令内容，启动相关的火灾模式，实现对相关设备的火灾模式控制，同时反馈指令执行信号，显示在救灾指挥画面上，帮助救灾指挥的开展。

⑩消防水泵、防烟和排烟风机等消防专用设备除系统自动控制外，在消防控制室设置紧急手动直接控制装置。

⑪全线 FAS 网络采用光纤介质独立组网，光纤介质由通信传输系统提供。

⑫消防广播与广播系统合用，火灾时公共广播转入火灾应急广播状态，未设置广播系统的车辆基地的单体建筑系统应设置消防广播系统。

⑬与地铁车站出入口或通道相连的物业不纳入车站 FAS，但车站 FAS 预留与物业 FAS 的接口。

8.2.3　设计依据

根据下列相关规范、文件、资料和工程实际进行系统设计：
①《轨道交通××线设计合同文件》。
②《轨道交通××线设计招标文件》。
③《轨道交通××线工程可行性研究报告》。
④总体设计专家评审意见。
⑤总体组和相关专业提供的资料。
⑥业主提供的其他基础资料。
⑦《地铁设计规范》（GB 50157—2013）。
⑧《火灾自动报警系统设计规范》（GB 50116—2013）。
⑨《火灾自动报警系统施工及验收标准》（GB 50166—2019）。
⑩《建筑设计防火规范（2018年版）》（GB 50016—2014）。
⑪《人民防空工程设计防火规范》（GB 50098—2009）。
⑫《智能建筑设计标准》（GB 50314—2015）。
⑬《城市轨道交通工程项目建设标准》（建标104—2008）。
⑭《城市消防远程监控系统技术规范（附条文说明)》（GB 50440—2007）。
⑮《民用建筑电气设计标准》（GB 51348—2019）。
⑯《建筑物防雷设计规范》（GB 50057—2010）。

8.2.4　系统方案

1. 系统总体设计方案

FAS的监控管理模式为两级管理三级控制，整个FAS的架构由中心级、车站级以及各种现场设备和通信网络组成。

FAS在中心级设置维护工作站，不仅能够实现对网络上的节点设备的管理、监视和控制，还可以通过图形和文字的方式对全线各站FAS的现场级设备进行实时监视和处理，并可以统计、查询、打印全线FAS设备的状态信息，对全线车站级火灾报警控制器进行远程软件下载、程序修改升级、软件维护、故障查询及处理等。

2. 系统工作站设置方案

FAS中基础的设备是火灾报警控制器，它在FAS中具有举足轻重的作用，但火灾报警控制器仅具有最基本的人机接口功能。为了向值班人员显示报警的详细信息，灾害发生时对灾情进行全面的监控、指挥，在各车站、车辆基地和控制中心设置了防灾工作站作为FAS运营管理设备。

目前防灾工作站的设置方案基本上有以下三种。

（1）方案一：ISCS 综合设置 FAS 防灾工作站。

在控制中心调度大厅、各车站级控制室内综合设置环调工作站（FAS 与 BAS 共用），FAS 监控软件安装在此工作站中。

火灾报警控制器采用冗余通信接口与 ISCS 的接口设备（FEP）连接，通过 ISCS 局域网实现与防灾工作站的数据交换。

（2）方案二：ISCS 独立设置 FAS 防灾工作站。

在控制中心调度大厅、各车站级控制室内，ISCS 除设置一台环调工作站外，还单独设置一台独立的防灾工作站，防灾工作站纳入 ISCS 局域网络。

火灾报警控制器采用冗余通信接口与 ISCS 接口设备（FEP）连接，通过 ISCS 局域网实现与防灾工作站的数据交换。

（3）方案三：FAS 独立设置防灾工作站。

FAS 在控制中心调度大厅、各车站级控制室内设置独立的防灾工作站。防灾工作站通过冗余通信接口与火灾报警控制器直接连接。

火灾报警控制器采用冗余通信接口与 ISCS 接口设备（FEP）连接，实现数据交换。

FAS 独立设置工作站，在运行、维修、管理等方面创造方便，具备可实施性。火灾报警控制器与 ISCS 互联，报警信息、设备状态信息上送至 ISCS，实现设备的统一管理和警情的协调处理，不会因为独立设置工作站而带来本工程管理水平的下降。为了防止 FAS 系统独立设置防灾工作站带来运营调度人员的增加和运营成本的增加，在工程实施过程中，可以将防灾工作站和 ISCS 设置的环调工作站放置在同一张调度台上，由 ISCS 设置的环调人员监管 FAS 防灾工作站，实现对警情的处理和监控操作。

综合考虑后选择方案三，FAS 独立设置防灾工作站。

3. 系统主干网方案

目前系统传输通道方案基本上有以下两种。

（1）方案一：采用通信系统提供的逻辑上独立的专用通信通道。

FAS 采用通信系统提供的冗余以太网通道进行数据传输。通信传输系统在控制中心、车辆基地、各个车站为 FAS 提供冗余的以太网接口，FAS 中央主机、车站、车辆基地控制器通过以太网接口与通信传输系统连接，组建全线 FAS 网络。采用通信通道的 FAS 网络。

目前，FAS 采用通信系统提供的以太网传输通道在技术上是可行且成熟的，在工程中也已有了相当多成熟的应用。但 FAS 原始数据需要依靠通信网络进行传输，这对整个系统的独立性有一定影响。

（2）方案二：采用通信专业提供的光纤组建独立传输通道。

通信专业提供独立单模光纤，采用光纤接口的方式。FAS 专业通过通信系统提供的光纤组建全线骨干网（光纤令牌环网）。

将每台火灾报警控制器作为一个网络节点，通过通信专业提供的光纤，以沿线跳接方式，构成一个对等式环形网络。每个网络节点在网络通信中都具有同等地位，每个节点都能独立完成所管辖区域内设备的控制与监视。

火灾报警控制器本身直接支持通过光纤组成火灾报警专用网络，在组网时不必过多配置其他的硬件设备,具备高可靠性。

本设计 FAS 通信通道推荐采用方案二,利用通信专业提供的光纤组建独立光纤环网。

4. 控制中心级设备配置方案

控制中心机房内,配置 2 套互为备用的火灾报警控制器(网络型)、2 套互为冗余热备份的工业控制型 PC 作为中心级服务器及维护管理工作站。

控制中心中央控制室内,配置 2 台互为冗余热备份的工业控制型 PC 作为中心调度工作站,并配置 1 台打印机。

中心级火灾报警控制器(网络型)、图形工作站、打印机等必要设备构成中央级局域网络,完成机房、中央调度大厅与其他系统的信息共享。

5. 车站级方案

车站级火灾报警控制器,与车站管辖范围内火灾探测器、手动火灾报警按钮、各种输入输出模块等,组成车站级火灾自动报警系统。

各车站级控制室内,各配置 1 套火灾报警控制器(联动型)、1 台车站级防灾工作站、1 套消防电话主机等设备。

车辆基地的消防值班室内,配置 1 套火灾报警控制器(联动型)、1 台车站级工作站、1 套消防电话主机、联动盘、多套区域火灾报警控制器等设备,区域控制器与主控制器之间采用光纤进行连接。区域火灾报警控制器负责所管辖建筑单体火灾信息的监视和控制,并与车辆基地火灾报警控制器联网。

各车站的车站控制室内设置 IBP 盘,车辆基地消防控制室内设置消防联动控制盘。IBP 盘与消防联动控制盘完成与紧急情况下有关的消防设备手动控制的功能。其中,车站 IBP 盘面布置由 ISCS 完成,车辆基地消防联动控制盘盘面布置由 FAS 完成。

在车辆基地综合维修中心设置 1 套火灾报警控制器(网络型)、1 台维修监测中心工作站(PC 机)、1 台打印机和 1 套在线式 UPS 电源等,构成 FAS 全线维修中心设备维护管理系统。实现全线 FAS 的在线监视及查询功能,能够在线监视全线设备的故障等状态。

在机电维修工区中 FAS 专业在该房间内设置维修管理工作站,实现对本工区内的 FAS 设备的监视及管理功能。

6. 现场级方案

在全线的 FAS 保护范围内的车站和区间配置各类就地级设备,包括各类火灾探测器、警铃、各类输入输出模块、消防电话分机、手动火灾报警按钮(带电话插孔)、消火栓按钮等。

车站的站厅、站台、附属用房等设置感烟火灾探测器、感温火灾探测器,站台板下电缆通道、变电所电缆夹层设置缆式线型感温火灾探测器;站厅层两端公共走廊设置警铃。

设自动报警的场所均设手动火灾报警按钮(带消防电话插孔);出入口超过 60 m 设感烟火灾探测器和手动火灾报警按钮(带消防电话插孔);出入口超过 30 m 设置手动火灾报警按钮(带消防电话插孔);车站内消火栓箱内设消火栓按钮并带启泵指示灯。

区间变电所内设感烟火灾探测器、电缆夹层设置缆式线型感温火灾探测器等。

模块采用集中与分收相结合的方式设在接受 FAS 监控的风机、风阀、水泵、非消防电源等设备附近，控制设备启、停和采集运行状态、故障等信号。模块箱主要设置在照明配电室、空调机房、消防泵房、变电所等位置。

车辆基地火灾自动报警系统设置：车辆停放和各类检修车库的停车部位、燃油车库、可燃物品仓库等设置感烟火灾探测器、感温火灾探测器、红外对射感烟探测器、防爆型可燃气体探测器、防爆型火焰探测器、消防电话、消火栓按钮、手动火灾报警按钮（带电话插孔）、输入输出模块等设备。

8.2.5　系统功能

1. 中心级功能

中心级是全线 FAS 的调度、管理中心，对全线报警系统信息及消防设施有监视、控制及管理权，对车站级的防救灾工作有指挥权。中心级通过全线防灾直通电话、闭路电视、列车无线电话等通信工具，组织指挥全线防救灾工作。其功能主要有：

①编制、下达全线 FAS 运行模式，火灾时确定全线 FAS 的运行模式，监视运行工况。应能够完成对全线所有车站火灾报警控制器、防灾工作站的程序修改并通过网络远程下载。

②接收各车站级报送的火灾报警信息和 FAS 监控设备的运行状态及故障信息，并记录存档，按信息类别进行历史资料档案管理。

③接收控制中心 ATS 和列车无线电话报警，当列车在区间发生火灾事故时，对车站及时发布、实施灾害工况指令，将相应救灾设施转为按预定的灾害模式运行。

④当车站发生火灾时，若本站水源故障，通过中心级起动相邻站备用消防水系统。

⑤中心级 FAS 向 ISCS 提供火灾报警信息及消防设备的运行状态信息。

⑥接收、存储和处理各车站级报送的火灾信息，实现对全线网络节点上火灾报警控制器、工作站及车站、车辆基地火灾报警设备等设备的工作状态监视和管理，对系统骨干网络传输通道进行巡检。能够完成对全线所有车站火灾报警控制器、防灾工作站的程序修改。

⑦中心级负责与市防洪指挥部门、地震检测中心、消防局 119 火警通信，接收自然灾害预报信息，负责地铁工程防救灾工作对外界的联络。

⑧中心级预留与市公安消防局消防控制中心联网的功能。

⑨中心级完成与地铁级母钟的同步对时，并同步全线系统网络节点的所有设备的时钟信息。

⑩中心级自动监测与相关系统的数字接口状态，及时报告接口故障和故障类型。

⑪中心级的火灾报警控制器、防灾工作站均为主备热备份配置，主、备机均在线工作，主、备机信息应保持同步。当主机失效时，备机应能不间断替代主机工作，并保持系统记录不间断，对系统无扰动。在主机恢复后，应能在保障系统正常运行的情况下自动完成主

备机之间的数据同步。

2. 车站级功能

（1）报警、指挥、管理功能。

车站级实现管辖范围内设备的自动监视与控制、重要设备的手动控制。车站级火灾控制器具有探测器故障、模块故障、回路故障、备用电源故障等报警功能。车站级能够接收所有车站的火灾报警信息，实现管辖范围内实时火灾的预期报警功能，监视管辖范围内的火情，并及时将报警信息报送控制中心。

车站级能够接收中心级指令或独立组织、管理、指挥管辖范围内防救灾工作。它向本站 ISCS、BAS 发布确认的火灾信息，同时控制专用防排烟设备、消防泵等救灾设备进入救灾模式运行。火灾情况下，FAS 作为消防联动控制的主导，BAS、ISCS 均为 FAS 的联动系统，FAS 具有优先权。车站级管理火灾自动报警系统及防救灾设备，控制防救灾设施，显示运行状态，将所有信息上传至中心级。它也接收中心级的主时钟校核指令，使各设备系统时间与主时钟保持一致。

车站级的基本监视功能包括但不限于：

①监视车站管辖范围内灾情，采集火灾信息。

②显示火灾报警点防救灾设施运行状态及所在位置画面。

③消防泵的启、停、故障状态信号，水泵吸水管的压力报警值，水泵扬水管的压力报警值，消防泵自巡检信号。

④监视本系统供电电源的运行状态。

⑤监视车站所有专用消防设备的工作状态。

（2）监控功能。

车站级对机电系统监视和控制的主要内容如表 8-1~表 8-4 所示。

表 8-1　通风空调系统

设备名称	监视							控制	
	开启状态	开到位	关闭状态	关到位	手动/自动位置	故障报警	过载	开启控制	关闭控制
专用排烟风机	√	—	—	—	√	—	√	√	√
补风机	√	—	√	—	√	√	—	√	√
电动防烟防火阀	—	√	—	√	—	—	—	√	√
电动排烟防火阀	—	√	—	√	—	—	—	√	√
防烟防火阀	—	√	—	√	—	—	—	—	—
排烟防火阀	—	√	—	√	—	—	—	—	—

表 8-2　给排水系统

设备名称	监视										控制			
	运行状态	停止状态	故障报警	手动/自动位置	巡检正常信号	巡检不正常信号	给水管压力信号	扬水管压力信号	开启状态	关闭状态	起泵控制	停止控制	开启控制	关闭控制
消防水泵	√	√	√	√	√	√	√	√	—	—	√	√	—	—
消防水管电动阀门	—	—	√	√	—	—	—	—	√	√	—	—	√	√

表 8-3　低压动力照明系统

设备名称	监视		控制	
	开启状态	断开状态	开启控制	断开控制
一般照明	—	√	—	√
广告照明	—	√	—	√
设备附属用房照明	—	√	—	√
区间照明	—	√	—	√
区间维修电源	—	√	—	√
自动售检票	—	√	—	√
自动扶梯电源	—	√	—	√
变电所工作照明	—	√	—	√
变电所维修电源	—	√	—	√
商用电源	—	√	—	√
电梯电源	—	√	—	√
污水泵电源	—	√	—	√
三级负荷箱	—	√	—	√
EPS	√	—	—	—

表 8-4　其他机电系统

设备名称	监视		控制	
	开启状态	关闭状态	开启控制	关闭控制
防火卷帘	—	√	—	√
电动挡烟垂帘	—	√	—	√

（3）联动控制功能

①设备控制功能。车站的被控对象是车站的专用消防设备。车站级系统将支持单点控制及模式控制功能，并且在车站操作员工作站可以选择设备的控制方式。

a.单点控制：车站级工作站的监控功能界面具有设备的远程控制功能，可对单个设备（区间设备）进行单设备控制。

b.模式控制：属于一种特定的设备组控制。模式的定义是根据工艺设计要求而形成的，其触发可有两种方式：人为触发和自动触发。

②专用消防设备控制功能。对于专用消防设备如消防排烟风机、消防泵等，除可自动控制外，紧急情况下能够在车站控制室内的IBP盘上直接手动控制。

③消防泵控制。当火灾现场确认需要用消防水时，人工按下消火栓按钮，向FAS发出要求启动消防泵的信号，此时，若相关火灾联动程序尚未下发，则需值班人员通过火灾报警控制器上的可编程火灾确认按钮进行确认后启动消防泵，点亮启泵指示灯，告知消防泵已经启动（无论FAS处于手动还是自动模式）；若相关火灾联动程序已经下发，则系统立即自动启动消防泵，点亮启泵指示灯，告知消防泵已经启动（无论FAS处于手动还是自动模式）。

从IBP盘到消防泵控制柜设有手动硬线控制方式，可在车站控制室的IBP盘上直接手动操作启动消防泵，并显示泵的工作状态。

④共用设备控制功能。当发生火灾时，FAS向本站的ISCS和BAS发送经过确认的火灾信息，BAS按预先编制的联动控制逻辑开启、关闭相应区域内的防烟、排烟设备等，关闭与消防无关的其他设备，被控设备将关闭信号返回BAS。防烟、排烟系统与通风空调系统共用设备，由BAS进行监控；火灾情况下专用的消防设备由FAS进行监控。火灾时，FAS具有优先控制权。

⑤电扶梯系统控制功能。当发生火灾时，FAS接收到报警信息后，发指令给BAS，由BAS联动电扶梯停在疏散层。

⑥防烟、排烟控制功能。DC24 V防火阀工作状态由FAS采集，按火灾工况显示相应工况下的防火阀工作状态。对于与火灾工况没有直接关系的防火阀，FAS在同一画面统一显示，火灾后由FAS巡检并恢复防火阀的正常工作状态，为阀门恢复正常使用创造条件。

火灾时，BAS根据FAS指令按通风空调专业提供的火灾模式执行联动程序，并应满足执行联动程序过程中若再有火灾或其他报警信号不影响正在执行的联动程序，根据通风空调提供的防烟、排烟程序完成正确的联动，同时，满足在同防火分区内不同防烟分区的联动功能。

⑦防火卷帘控制。对疏散通道上的防火卷帘，在其两侧设置感烟、感温火灾探测器，火灾时，根据事先编制好的程序，向防火卷帘门控制器发出下降指令，使防火卷帘门自动下降。

⑧非消防电源切除。非消防电源设两级切除，对各防火分区独立配电的，在变电所400 V低压柜切除非消防电源（分励脱扣器），站厅、站台公共部分、出入口为一个防火分区，由多个配电回路供电，在本防火分区内局部发生火灾时，为不影响疏散，切除局部电源，在车站配电室相应配电回路切除非消防电源。

⑨广播系统、闭路电视系统控制。发生火灾时，公共广播转换为消防应急广播状态。运营管理人员可以通过闭路电视监视火情。

思考题

1. 地铁火灾自动报警系统的设计方案有哪些？分别有哪些功能？
2. 地铁火灾自动报警系统的设计原则是什么？
3. 一类高层建筑的火灾探测器布置位置与数量如何确定？

第9章

火灾自动报警系统安装调试

9.1 火灾自动报警系统的施工

火灾自动报警系统的工程施工，是火灾自动报警系统工程应用的重要环节。火灾自动报警系统工程施工质量如何，直接影响系统能否正常发挥作用。为了保证系统的工程施工质量，必须严格执行国家标准《火灾自动报警系统施工及验收标准》（GB 50166—2019）的规定。火灾自动报警系统的工程施工是一项专业性、技术性很强的工作，必须由经过住建部门批准、确认其资格，并取得许可证的专业单位和专业人员承担，系统的工程施工必须受住建部门的监督。在系统竣工后、使用前，必须经住建部门验收，方可使用。

根据国家标准《火灾自动报警系统施工及验收标准》（GB 50166—2019）的规定，火灾自动报警系统工程施工应符合以下要求。

9.1.1 系统施工的一般要求

火灾自动报警系统的施工应按设计图纸进行，不得随意更改。确有必要更改的，必须在事先由有关各方人员协商一致的情况下，经住建部门审核同意，并办理必要的手续后，方可更改。

火灾自动报警系统施工前，应具备系统图、设备布置平面图、接线图、安装图以及消防设备联动逻辑说明等必要的技术文件。

火灾自动报警系统施工过程中，施工单位应做好施工（包括隐蔽工程验收）、检验（包括绝缘电阻、接地电阻）、调试、设计变更等相关记录。

火灾自动报警系统施工结束后，施工方应对系统的安装质量进行全数检查。

火灾自动报警系统竣工时，施工单位应完成竣工图及竣工报告。

9.1.2　布线要求

火灾自动报警系统的布线应符合下列要求:

1)火灾自动报警系统的布线,应符合现行国家标准《建筑电气工程施工质量验收规范》(GB 50303—2015)的规定。

2)火灾自动报警系统布线时,应根据现行国家标准《火灾自动报警系统设计规范》(GB 50116—2013)的规定,对导线的种类、电压等级进行检查。

3)在管内或线槽内的布线,应在建筑抹灰及地面工程结束后进行,管内或线槽内不应有积水及杂物。

4)火灾自动报警系统应单独布线,系统内不同电压等级、不同电流类别的线路,不应布在同一管内或线槽的同一槽孔内。

5)导线在管内或线槽内,不应有接头或扭结。导线的接头,应在接线盒内焊接或用端子连接。

6)从接线盒、线槽等处引到探测器底座、控制设备、扬声器的线路,当采用金属软管保护时,其长度不应大于 2 m。

7)敷设在多尘或潮湿场所管路的管口和管子连接处,均应做密封处理。

8)管路超过下列长度时,应在便于接线处装设接线盒:

①管子长度每超过 30 m,无弯曲时。

②管子长度每超过 20 m,有 1 个弯曲时。

③管子长度每超过 10 m,有 2 个弯曲时。

④管子长度每超过 8 m,有 3 个弯曲时。

9)金属管子入盒,盒外侧应套锁母,内侧应装护口;在吊顶内敷设时,盒的内外侧均应套锁母。塑料管入盒应采取相应固定措施。

10)明敷各类管路和线槽时,应采用单独的卡具吊装或支撑物固定。吊装线槽或管路的吊杆直径不应小于 6 mm。

11)线槽敷设时,应在下列部位设置吊点或支点:

①线槽始端、终端及接头处。

②距接线盒 0.2 m 处。

③线槽转角或分支处。

④直线段不大于 3 m 处。

12)线槽接口应平直、严密,槽盖应齐全、平整、无翘角。并列安装时,槽盖应便于开启。

13)管线经过建筑物的变形缝(包括沉降缝、伸缩缝、抗震缝等)处,应采取补偿措施,导线跨越变形缝的两侧应固定,留有适当余量。

14)火灾自动报警系统导线敷设后,应用 500 V 兆欧表测量每个回路导线对地的绝缘电阻,该绝缘电阻值不应小于 20 MΩ。

15)同一工程中的导线,应根据不同用途选不同颜色加以区分,相同用途的导线颜色应一致。电源线正极应为红色，负极应为蓝色或黑色。

9.1.3 控制器类设备的安装

1) 火灾报警控制器、可燃气体报警控制器、区域显示器、消防联动控制器等控制器类设备(以下称控制器)在墙上安装时，其底边距地(楼)面高度宜为 1.3~1.5 m，其靠近门轴的侧面距墙不应小于 0.5 m，正面操作距离不应小于 1.2 m；落地安装时，其底边宜高出地(楼)面 0.1~0.2 m。控制器应安装牢固，不应倾斜；安装在轻质墙上时，应采取加固措施。

2) 引入控制器的电缆或导线，应符合下列要求：

①配线应整齐，不宜交叉，并应固定牢靠。

②电缆芯线和所配导线的端部、均应标明编号，并与图纸一致，字迹应清晰且不易褪色。

③端子板的每个接线端接线不得超过 2 根。

④电缆芯和导线应留有不小于 200 mm 的余量。

⑤导线应绑扎成束。

⑥导线穿管、线槽后，应将管口、槽口封堵。

3) 控制器的主电源应有明显的永久性标志，并应直接与消防电源连接，严禁使用电源插头。控制器与其外接备用电源之间应直接连接。

4) 控制器的接地应牢固，并有明显的永久性标志。

9.1.4 火灾探测器的安装要求

1) 点型感烟、感温火灾探测器的安装位置，应符合下列规定：

①探测器至墙壁、梁边的水平距离，不应小于 0.5 m。

②探测器周围水平距离 0.5 m 内，不应有遮挡物。

③探测器至空调送风口最近边的水平距离，不应小于 1.5 m；至多孔送风顶棚孔口的水平距离，不应小于 0.5 m。

④在宽度小于 3 m 的内走道顶棚上安装探测器时宜居中安装，点型感温火灾探测器的安装间距不应超过 10 m，点型感烟火灾探测器的安装间距不应超过 15 m，探测器至端墙的距离不应大于安装间距的一半。

⑤探测器宜水平安装，当确需倾斜安装时，倾斜角不应大于 45°。

2) 线型红外光束感烟火灾探测器的安装，应符合下列规定：

①当探测区域的高度不大于 20 m 时，光束轴线至顶棚的垂直距离宜为 0.3~1.0 m；当探测区域的高度大于 20 m 时，光束轴线距探测区域的地(楼)面高度不宜超过 20 m。

②发射器和接收器之间的探测区域长度不宜超过 100 m。

③相邻两组探测器的水平距离不应大于 14 m，探测器至侧墙水平距离不应大于 7 m 且不应小于 0.5 m。

④发射器和接收器之间的光路上应无遮挡物或干扰源。

⑤发射器和接收器应安装牢固,并不应产生位移。

3)缆式线型感温火灾探测器在电缆桥架、变压器等设备上安装时,宜采用接触式布置;在各种皮带输送装置上敷设时,宜敷设在装置的过热点附近。

4)敷设在顶棚下方的线型差温火灾探测器,至顶棚距离宜为 0.1 m,相邻探测器之间水平距离不宜大于 5 m;探测器至墙壁距离宜为 1~1.5 m。

5)可燃气体火灾探测器的安装应符合下列规定:

①安装位置应根据探测气体密度确定。若其密度小于空气密度,探测器应位于可能出现泄漏点的上方或探测气体的最高可能聚集点上方;若其密度大于或等于空气密度,探测器应位于可能出现泄漏点的下方。

②在探测器周围应适当留出更换和标定的空间。

③在有防爆要求的场所,应按防爆要求施工。

④线型可燃气体火灾探测器在安装时,应使发射器和接收器的窗口避免日光直射,且在发射器与接收器之间不应有遮挡物,两组探测器之间的距离不应大于 14 m。

6)通过管路采样的吸气式感烟火灾探测器的安装应符合下列规定:

①采样管应安装牢固。

②采样管(含支管)的长度和采样孔应符合产品说明书的要求。

③非高灵敏度的吸气式感烟火灾探测器不宜安装在天棚高度大于 16 m 的场所。

④高灵敏度吸气式感烟火灾探测器在设为高灵敏度时可安装在天棚高度大于 16 m 的场所,并保证至少有 2 个采样孔低于 16 m。

⑤安装在大空间时,每个采样孔的保护面积应符合点型感烟火灾探测器的保护面积要求。

7)探测器的底座应安装牢固,与导线连接必须可靠压接或焊接。当采用焊接时,不应使用带腐蚀性的助焊剂。

8)探测器底座的连接导线,应留有不小于 150 mm 的余量,且在其端部应有明显标志。

9)探测器底座的穿线孔宜封堵,安装完毕的探测器底座应采取保护措施。

10)探测器报警确认灯应朝向便于人员观察的主要入口方向。

11)探测器在即将调试时方可安装,在调试前应妥善保管并应采取防尘、防潮、防腐蚀措施。

9.1.5 手动火灾报警按钮的安装要求

手动火灾报警按钮的安装应符合下列规定:

①手动火灾报警按钮应安装在明显和便于操作的部位。当安装在墙上时,其底边距地(楼)面高度宜为 1.3~1.5 m。

②手动火灾报警按钮应安装牢固,不应倾斜。

③手动火灾报警按钮的外接导线应留有不小于 150 mm 的余量,且在其端部应有明显标志。

④探测器报警确认灯应朝向便于人员观察的主要入口方向。

9.1.6 消防电气控制装置的安装要求

①消防电气控制装置在安装前,应进行功能检查,不合格者严禁安装。

②消防电气控制装置外接导线的端部,应有明显的永久性标志。

③消防电气控制装置箱体内不同电压等级、不同电流类别的端子应分开布置,并应有明显的永久性标志。

④消防电气控制装置应安装牢固,不应倾斜;安装在轻质墙上时,应采取加固措施。消防电气控制装置在消防控制室内安装时,还应符合火灾报警控制器的安全要求。

9.1.7 消防应急广播扬声器和火灾警报装置的安装要求

①消防应急广播扬声器和火灾警报装置安装应牢固可靠,表面不应有破损。

②火灾光警报装置应安装在安全出口附近明显处,距地面1.8 m以上。光警报器与消防应急疏散指示标志不宜在同一面墙上,安装在同一面墙上时,距离应大于1 m。

③扬声器和火灾声警报装置宜在报警区域内均匀安装。

9.1.8 消防专用电话的安装要求

消防电话、电话插孔、带电话插孔的手动报警按钮宜安装在明显、便于操作的位置;当在墙面上安装时,其底边距地(楼)面高度宜为1.3~1.5 m。

9.1.9 消防设备应急电源的安装要求

①消防设备应急电源的电池应安装在通风良好的地方,当安装在密封环境中时应有通风装置。

②酸性电池不得安装在带有碱性介质的场所,碱性电池不得安装在带有酸性介质的场所。

③消防设备应急电源不应安装在靠近带有可燃气体的管道、仓库、操作间等场所。

④单相供电额定功率大于30 kW、三相供电额定功率大于120 kW的消防设备应安装独立的消防应急电源。

9.1.10 系统接地装置的安装要求

1)工作接地线应采用钢芯绝缘导线或电缆,不得利用镀锌扁铁或金属软管。

2)由消防控制室引至接地体的工作接地线,在通过墙壁时,应穿入钢管或其他坚固的保护管。

3)工作接地线与保护接地线必须分开,保护接地导体不得利用金属软管。

4)接地装置施工完毕后,应及时做隐蔽工程验收。验收应包括下列内容:

①测量接地电阻,并做记录。

②查验应提交的技术文件。

③审查施工质量。

9.2　火灾自动报警系统的调试

9.2.1　系统调试的一般要求

①火灾自动报警系统的调试,应在建筑内部装修和系统施工结束后进行。

②火灾自动报警系统调试前应具备 9.1.1 节中所列文件及调试必需的其他文件。

③调试负责人必须由有资格的专业技术人员担任,所有参加调试人员应职责明确,并应按照调试程序工作。

9.2.2　调试前的准备

①调试前应按设计要求查验设备的规格、型号、数量、备品备件等。

②应按第 6 章 6.3 节的要求检查系统的施工质量。对属于施工中出现的问题,应会同有关单位协商解决,并有文字记录。

③应按第 6 章 6.3 节的要求检查系统线路,对于错线、开路、虚焊和短路等应进行处理。

9.2.3　火灾自动报警系统的调试

1)火灾自动报警系统的调试,应先分别对火灾探测器、区域火灾报警控制器、集中火灾报警控制器、火灾警报装置和消防控制设备等逐个进行单机通电检查,正常后方可进行系统调试。

2)火灾自动报警系统通电后,应按现行国家标准《火灾报警控制器》(GB 4717—2005)的有关要求,对火灾报警控制器进行下列功能检查:

①火灾报警自检功能。

②消音、复位功能。

③故障报警功能。

④火灾优先功能。

⑤报警记忆功能。

⑥电源自动转换和备用电源的自动充电功能。

⑦备用电源的欠压和过压报警功能。

3)检查火灾自动报警系统的主电源和备用电源，其容量应分别符合现行有关国家标准的要求，在备用电源连续充放电3次后，主电源和备用电源应能自动转换。

4)应采用专用的检查仪器对探测器逐个进行试验，其动作应准确无误。

5)应分别用主电源和备用电源供电，检查火灾自动报警系统的各项控制功能和联动功能。

6)应在火灾自动报警系统运行120 h无故障后，按表9-1填写调试报告。

表9-1　火灾自动报警系统调试报告

年　月　日　　　　　　　　　　　　　　　　　　　　　　　　　　编号

工程名称			工程地址				
使用单位			联系人		联系电话		
调试单位			联系人		联系电话		
设计单位			施工单位				
主要设备	设备名称符号	数量	编号	出厂年月	生产厂	备注	
施工有无遗留问题			施工单位联系人		电话		
调试情况							
调试人员（签字）			使用单位人员（签字）				
施工单位负责人（签字）			施工单位负责人（签字）				

9.3 火灾自动报警系统的验收

火灾自动报警系统的竣工验收是对系统施工质量的全面检查，必须按照国家标准《火灾自动报警系统施工及验收标准》(GB 50166—2019)的规定严格执行。火灾自动报警系统竣工验收时的一般要求如下。

1)火灾自动报警系统的竣工验收，应在住建部门监督下，由建设主管单位主持，设计、施工、调试等单位参加，共同进行。

2)火灾自动报警系统的竣工验收应包括下列装置：

①火灾报警系统装置(包括各种火灾探测器、手动火灾报警按钮、火灾报警控制器和区域显示器等)。

②消防联动控制系统(含消防联动控制器、气体灭火控制器、消防电气控制装置、消防设备应急电源、消防应急广播设备、消防电话、传输设备、消防控制中心图形显示装置、模块、消防电动装置、消火栓按钮等设备)。

③自动灭火系统控制装置(包括自动喷水、气体、干粉、泡沫等固定灭火系统的控制装置)。

④消火栓系统的控制装置。

⑤通风空调、防烟排烟及电动防火阀等控制装置。

⑥电动防火门控制装置、防火卷帘控制器。

⑦消防电梯和非消防电梯的回降控制装置。

⑧火灾警报装置。

⑨火灾应急照明和疏散指示控制装置。

⑩切断非消防电源的控制装置。

⑪电动阀控制装置。

⑫消防联网通信。

⑬系统内的其他消防控制装置。

3)火灾自动报警系统验收前，建设单位应向住建部门提交验收申请报告，并附下列技术文件：

①竣工验收申请报告、设计变更通知书、竣工图。

②工程质量事故处理报告。

③施工现场质量管理检查记录。

④火灾自动报警系统施工过程质量管理检查记录。

⑤火灾自动报警系统的检验报告、合格证及相关材料。

4)火灾自动报警系统验收前，建设和使用单位应进行施工质量检查，同时确定安装设备的位置、型号、数量，抽样时应选择有代表性、作用不同、位置不同的设备。

5)火灾自动报警系统验收前，住建部门应对操作、管理、维护人员配备情况进行检查。

6)系统中各装置的安装位置、施工质量和功能等的验收数量应满足以下要求：

①各类消防用电设备主、备电源的自动转换装置，应进行 3 次转换试验，每次试验均应正常。

②火灾报警控制器(含可燃气体报警控制器)和消防联动控制器应按实际安装数量全部进行功能检验。消防联动控制系统中其他各种用电设备、区域显示器应按下列要求进行功能检验：

a.实际安装数量在 5 台以下者，全部检验。

b.实际安装数量在 6~10 台者，抽验 5 台。

c.实际安装数量超过 10 台者，按实际安装数量 30%~50%的比例但不少于 5 台抽验。

d.各装置的安装位置、型号、数量、类别及安装质量应符合设计要求。

③火灾探测器(含可燃气体火灾探测器)和手动火灾报警按钮，应按下列要求进行模拟火灾响应(可燃气体报警)和故障信号检验：

a.实际安装数量在 100 只以下者，抽验 20 只(每个回路都应抽验)。

b.实际安装数量超过 100 只，每个回路按实际安装数量 10%~20%的比例进行抽验，但抽验总数应不少于 20 只。

c.被检查的火灾探测器的类别、型号、适用场所、安装高度、保护半径、保护面积和探测器的间距等均应符合设计要求。

④室内消火栓的功能验收应在出水压力符合现行国家有关建筑设计防火规范的条件下，抽验下列控制功能：

a.在消防控制室内操作启、停泵 1~3 次。

b.消火栓处操作启泵按钮，按 5%~10%的比例抽验。

⑤自动喷水灭火系统，应在符合现行国家标准《自动喷水灭火系统设计规范》(GB 50084—2017)的条件下，抽验下列控制功能：

a.在消防控制室内操作启、停泵 1~3 次。

b.水流指示器、信号阀等按实际安装数量的 30%~50%的比例进行抽验。

c.压力、电动阀、电磁阀等按实际安装数量全部进行检验。

⑥气体、泡沫、干粉等灭火系统，应在符合国家现行有关系统设计规范的条件下按实际安装数量 20%~30%的比例抽验下列控制功能：

a.自动、手动启动和紧急切断试验 1~3 次。

b.与固定灭火设备联动控制的其他设备动作(包括关闭防火门窗、停止空调风机、关闭防火阀等)试验 1~3 次。

⑦电动防火门、防火卷帘，5 樘以下的应全部检验，超过 5 樘的应按实际安装数量的 20%的比例，但抽验总数不小于 5 樘，抽验联动控制功能。

⑧防烟、排烟风机应全部检验，通风空调和防排烟设备的阀门，应按实际安装数量 10%~20%的比例抽验联动功能，并应符合下列要求：

a.报警联动启动、消防控制室直接启停、现场手动启动控制防烟、排烟风机 1~3 次。

b.报警联动停、消防控制室远程停通风空调送风 1~3 次。

c.报警联动开启、消防控制室开启、现场手动开启防排烟阀门 1~3 次。

⑨消防电梯应进行 1~2 次手动控制和联动控制功能检验，非消防电梯应进行 1~2 次

联动返回首层功能检验,其控制功能、信号均应正常。

⑩火灾应急广播设备,应按实际安装数量10%~20%的比例进行下列功能检验。

a.对所有广播分区进行选区广播,对共用扬声器进行强行切换。

b.对扩音机和备用扩音机进行全负荷试验。

c.检查应急广播的逻辑工作和联动功能。

⑪消防专用电话的检验,应符合下列要求:

a.消防控制室与所设的对讲电话分机进行1~3次通话试验。

b.电话插孔按实际安装数量10%~20%的比例进行通话试验。

c.消防控制室的外线电话与另一部外线电话模拟报警电话进行1~3次通话试验。

⑫火灾应急照明和疏散指示控制装置应进行1~3次使系统转入应急状态检验,系统中各消防应急照明灯具均应能转入应急状态。

⑬各项检验项目中,当有不合格时,应修复或更换,并进行复验。复验时,对有抽验比例要求的,应加倍检验。

⑭系统工程质量验收评定标准应符合下列要求:

a.系统内的设备及配件规格型号与设计不符、无国家相关证明和检验报告的,系统内的任一控制器和火灾探测器无法发出报警信号,无法实现要求的联动功能的,定为A类不合格。

b.验收前提供资料不符合本规范要求的定为B类不合格。

c.其余不合格项均为C类不合格。

d.系统验收合格评定为"A=0,B≤2,且B+C≤检查项的5%"为合格,否则为不合格。

9.4　火灾自动报警系统的运行与维护

9.4.1　一般要求

火灾自动报警系统投入运行前,应具备下列条件:

1)火灾自动报警系统的使用单位应由经过专门培训,并经过考试合格的专人负责系统的管理操作和维护。当系统更新时,要对操作维护人员重新进行培训,使其熟悉掌握新系统工作原理及操作规程后方可上岗。操作人员要保持相对稳定。

2)火灾自动报警系统正式启用时,应具备下列文件资料:

①系统竣工图及设备的技术资料。

②消防机构出具的有关法律文书。

③系统的操作规程及维护保养管理制度。

④系统操作员名册及相应的工作职责。

⑤值班记录和使用图表。

3)火灾自动报警系统的使用单位应建立包括上述规定的技术档案,并应有电子备份档案。

4)火灾自动报警系统运行过程中,应具备下列条件:

①火灾自动报警系统应保持连续正常运行,不得随意中断,以免造成严重后果。

②火灾自动报警系统应定期检查和试验,检查方式分为日检、季检、年检。

9.4.2 定期检查和试验

在火灾自动报警系统中,每日应检查火灾报警控制器的功能,并按表9-2、表9-3的格式填写火灾自动报警系统运行日检登记表和火灾报警控制器日检登记表。

火灾自动报警系统每季度应检查和试验下列功能,并应按表9-4的格式填写季检登记表。

1)采用专用检测仪器分期分批试验火灾探测器的动作及确认灯显示。

2)试验火灾警报装置的声光显示。

3)试验水流指示器、压力等报警功能、信号显示。

4)对主电源和备用电源进行1~3次自动切换试验。

5)用自动或手动方式检查消防控制设备的控制显示功能:

①室内消火栓、自动喷水、泡沫、气体、干粉等灭火系统的控制设备。

②抽验电动防火门、防火卷帘,数量不小于总数的25%。

③选层试验消防应急广播设备,并试验公共场合广播强制转入火灾应急广播的功能,抽检数量不应小于总数的25%。

④火灾应急照明与疏散指示标志的控制装置。

⑤送风机、排烟机和自动挡烟垂壁的控制设备。

6)检查消防电梯迫降功能。

7)应抽取不小于总数25%的消防电话和电话插孔,在消防控制室进行对讲通话试验。

火灾自动报警系统每年应检查和试验下列功能,并应按表9-4的格式填写年检登记表。

①应用专用检测仪器对所安装的全部火灾探测器和手动报警装置试验至少1次。

②自动和手动打开排烟阀,关闭电动防火阀和空调系统。

③对全部电动防火门、防火卷帘的试验至少1次。

④强制切断非消防电源功能试验。

⑤对其他有关的消防控制装置进行功能试验。

表 9-2　火灾自动报警系统运行日检登记表

时间	项目	设备运行情况		报警性质				报警部位、原因及处理情况	值班人			备注
		正常	故障	火警	误报	故障报警	漏报		时~时	时~时	时~时	

注：正常画√，有问题注明。

表 9-3　火灾报警控制器日检登记表

时间	检查项目	自检	消音	复位	故障报警	巡检	电源		检查人（签名）	备注
							主电源	备用电源		

注：正常画√，有问题注明。

表 9-4　火灾自动报警系统季(年)检登记表

单位名称		防火负责人	
日　期	设备种类	检查试验内容及结构	检查人
仪器自检情况		故障及排除情况	备注

注：正常画√，有问题注明。

9.4.3　日常维护与定期清洗

火灾自动报警系统中所有设备都应当做好日常维护保养工作,注意防潮、防尘、防电磁干扰、防冲击、防碰撞等各项安全防护工作,保持设备经常处于完好状态。

做好火灾探测器的定期清洗工作,对保持火灾自动报警系统良好运行十分重要。火灾探测器投入运行后,由于环境条件变化,容易受污染、积聚灰尘,使可靠性降低,引起误报或漏报,特别是感烟火灾探测器,更易受环境影响。所以,国家标准《火灾自动报警系统施工及验收标准》(GB 50166—2019)明确规定:点型感烟火灾探测器投入运行2年后,应每隔3年至少全部清洗一遍;通过采样管采样的吸气式感烟火灾探测器根据使用环境的不同,需要对采样管道进行定期吹洗,最长的时间间隔不应超过1年;火灾探测器的清洗应由有相关资质的机构根据产品生产企业的要求进行。火灾探测器清洗后应做响应阈值及其他必要的功能试验,合格者方可继续使用。不合格火灾探测器严禁重新安装使用,并应将该不合格品返回产品生产企业集中处理,严禁将离子感烟火灾探测器随意丢弃。可燃气体火灾探测器的气敏元件超过生产企业规定的寿命年限后应及时更换,气敏元件的更换应由有相关资质的机构根据产品生产企业的要求进行。

同时,不同类型的火灾探测器应有10%但不少于50只的备品。

9.4.4　消防联动控制器的运行与维护

消防主机即消防联动控制器(图9-1),是火灾自动报警系统的心脏,可实现集中控制,也可向火灾探测器供电,并具有下述功能:

①用来接收火灾信号并启动火灾报警装置。该设备也可用来指示着火部位和记录有关信息。

②能通过火警发送装置启动火灾报警信号或通过自动消防灭火控制装置启动自动灭火设备和消防联动控制设备。

③自动地监视系统的正确运行和对特定故障给出声、光报警。

(1)消防联动控制器的运行与关闭。

正确的消防联动控制器的开机顺序为先开备电开关,再开主电开关,最后开工作开关;先开电源盘(箱)开关,后开控制器开关;先开从机(区域机、联动机、火灾显示盘)开关,后开主机(集中机、通用机)开关,其关机顺序与开机顺序相反。

在开机时应注意:主电是否正常;备电是否正常;电源盘(箱)电压输出是否正常;各个指示灯、数码管是否正常点亮,声音是否正常;是否显示总线故障,如显示表示总线短路,应立刻关机,待排除线路故障后再开机;控制器注册的设备数量是否正常。

(2)出现火警信息后的处理步骤。

首先消音,再依据报警显示号确定报警点具体位置,然后利用电话、对讲机或直接派人尽快到现场查看是否有火情发生。

①没有火情:考察是否由周围环境因素(水蒸气、油烟、潮湿、灰尘等)造成探测器误

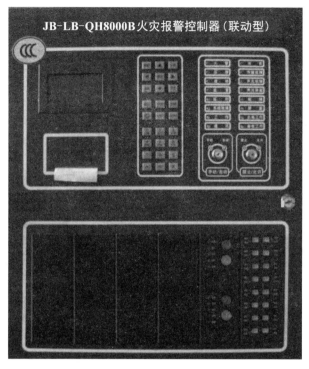

图 9-1　消防联动控制器

报警。如果是，则将报警点隔离，待环境恢复正常后，取消隔离。不是或不能确定的，反复按控制器复位键，如仍报警，则将报警点隔离，然后及时更换或通知施工单位或厂家维修。

②确实起火：在火势比较小并且能够利用附近的有效灭火工具(如泡沫灭火器)迅速扑灭的，则马上组织人员灭火；如火势较大，应迅速通知消防控制室(如利用对讲机和消防电话)。值班人员首先应拨打 119，然后通知上级领导(组织人员疏散和灭火工作)，并迅速手动启动相应的联动设备(如消防泵、广播、排烟机、正压送风机、电梯、防火阀、送风阀、排烟阀等)，如时间紧迫，应将联动控制器设为自动状态，自动启动相应的联动设备。

(3)消防控制器常见的故障现象及处理。

①供电故障。

常见的主电供电故障有无交流电、交流电开关未开、交流保险断、控制器问题等。

常见的备电供电故障有备电开关未开、备电连线未正确连接、备电保险断、备电欠压或控制器问题。

②现场设备故障。

控制器若报某一点位故障，可能是线(联动 4 总线，报警 2 总线)断、设备丢失、设备接触不良(探头与底座)、设备损坏等原因；控制器若报多个位置相邻设备的故障，可能是局部线路断路，或因线路短路导致隔离器动作；若控制器报所有设备故障，可能是总线保险断或本回路总线断路。

思考题

1. 简述火灾自动报警系统安装的主要内容。
2. 火灾探测器主要分为哪几类？它们各自有什么安装要求？
3. 消防应急电源的安装应注意什么？
4. 火灾自动报警系统调试前应做哪些准备？
5. 火灾自动报警系统投入运行前，应具备哪些条件？
6. 简述火灾自动报警系统定期检查和试验的内容。

参考文献

[1] 周熙炜，张彦宁，黄鹤，等.火灾报警与自动消防工程[M].北京：人民交通出版社，2016.

[2] 陈南.建筑火灾自动报警技术[M].北京：化学工业出版社，2006.

[3] 郭树林，石敬炜.火灾报警、灭火系统设计与审核细节100[M].北京：化学工业出版社，2009.

[4] 吴龙标，袁宏永，疏学月.火灾探测与控制工程[M].合肥：中国科学技术大学出版社，2013.

[5] 方正，谢晓晴.消防给水排水工程[M].北京：机械工业出版社，2013.

[6] 赵望达.智能建筑概论[M].北京：机械工业出版社，2016.

[7] 公安部消防局.消防安全技术实务[M].北京：机械工业出版社，2014.

[8] 公安部消防局.消防安全技术综合能力[M].北京：机械工业出版社，2014.

[9] 公安部消防局.消防安全案例分析[M].北京：机械工业出版社，2014.

[10] 张燕红，郑仲桥，张永春.计算机控制技术[M].南京：东南大学出版社，2014.

[11] 于微波.计算机控制技术[M].北京：机械工业出版社，2016.

[12] 雷娟，陈尹萍，蔡丽.单片机原理及应用[M].北京：冶金工业出版社，2012.

[13] 郭天祥.新概念51单片机C语言教程[M].北京：电子工业出版社，2009.

[14] 胡立涛.可编程控制器原理、应用、实验[M].海口：南海出版公司，2005.

[15] 于庆广.可编程控制器原理及系统设计[M].北京：清华大学出版社，2004.

[16] 谢克明，夏路易.可编程控制器原理与程序设计[M].北京：电子工业出版社，2010.

[17] 祝常红，彭坚.数据采集与处理技术[M].北京：电子工业出版社，2008.

[18] 阳宪惠.现场总线技术及其应用[M].北京：清华大学出版社，2008.

[19] 史久根，张培仁，陈真勇.CAN现场总线系统设计技术[M].北京：国防工业出版社，2004.

[20] 黄东军.物联网技术导论[M].北京：电子工业出版社，2012.

[21] 韩毅刚，王大鹏，李琪，等.物联网概论[M].北京：机械工业出版社，2012.

[22] 中华人民共和国国家质量监督检验检疫总局.消防联动控制系统（GB 16806—2006）[S].北京：中国标准出版社，2007.

[23] 中华人民共和国公安部.可燃气体报警控制器（GB 16808—2008）[S].北京：中国标准出版社，2010.

[24] 中华人民共和国国家质量监督检验检疫总局.火灾显示盘（GB 17429—2011）[S].北京：中国标准出版社，2012.

[25] 中华人民共和国公安部.手动火灾报警按钮（GB 19880—2005）[S].北京：中国标准出版社，2006.

[26] 中华人民共和国国家质量监督检验检疫总局.火灾声和/或光警报器（GB 26851—2011）[S].北京：中国标准出版社，2012.

[27] 中华人民共和国国家质量监督检验检疫总局.火灾报警控制器（GB 4717—2005）[S].北京：中国标

准出版社，2005.

[28] 李宏文.火灾自动报警技术与工程实例[M].北京：中国建筑工业出版社，2016.

[29] 薛维虎.火灾自动报警系统[M].北京：中国人民公安大学出版社，2015.

[30] 张言荣，高红，花铁森，等.智能建筑消防自动化技术[M].北京：机械工业出版社，2009.

[31] 陈南.智能建筑火灾监控系统设计[M].北京：清华大学出版社，2001.

[32] 中华人民共和国公安部.火灾自动报警系统设计规范（GB 50116—2013）[S].北京：中国计划出版社，2013.

[33] 中华人民共和国公安部.线型感温火灾探测器（GB 16280—2014）[S].北京：中国计划出版社，2014.

[34] 中华人民共和国公安部.可燃气体探测器（GB 15322.3—2019）[S].北京：中国标准出版社，2019.

[35] 中华人民共和国公安部.建筑消防设施检测技术规程（GA 503—2004）[S].北京：中国计划出版社，2004.

[36] 中华人民共和国公安部.建筑设计防火规范（2018年版）（GB 50016—2014）[S].北京：中国计划出版社，2014.

[37] 中华人民共和国公安部.人民防空工程设计防火规范（GB 50098—2009）[S].北京：中国计划出版社，2009.

[38] 《火灾自动报警系统设计》编委会.火灾自动报警系统设计[M].成都：西南交通大学出版社，2014.

[39] 中华人民共和国公安部.消防控制室通用技术要求（GB 25506—2010）[S].北京：中国标准出版社，2010.

[40] 孙景芝，韩永学.电气消防[M].北京：中国建筑工业出版社，2016.

[41] 蒙慧玲.建筑安全防火设计[M].北京：中国建筑工业出版社，2018.

[42] 胡林芳，郭福雁.建筑消防工程设计[M].哈尔滨：哈尔滨工程大学出版社，2017.

[43] 李孝斌，刘志云.建筑消防工程[M].北京：冶金工业出版社，2015.

[44] 黄民德，胡林芳.建筑消防与安防技术[M].天津：天津大学出版社，2013.

[45] 方维.火灾图像分割技术的研究[D].西安：西安建筑科技大学，2010.

[46] 丁伟雄.MATLAB R2015a 数字图像处理[M].北京：清华大学出版社，2016.

[47] 余路，卜乐平.火焰图像识别中常用算法综述[J].信息技术，2014(3)：189-193.

[48] 米锐.火灾图像自动监测技术的研究与开发[D].成都：四川大学，2003.

[49] 吕普轶.基于普通 CCD 摄像机的火灾探测技术的研究[D].哈尔滨：哈尔滨工程大学，2003.

[50] 张楠.基于视频图像的火灾检测与识别方法研究[D].广州：华南理工大学，2013.

[51] 王振华.基于视频图像的火灾探测技术的研究[D].西安：西安建筑科技大学，2008.

[52] 董寅.基于 BP 神经网络的 DS 证据理论模型在火灾探测中的应用研究[D].杭州：浙江工业大学，2017.

[53] 胡雾.基于匹配法的嵌入式光纤光栅温度传感系统[D].南昌：南昌航空大学，2010.

[54] 陈梦慧.电气火灾光纤探测器的设计与研究[D].武汉：武汉理工大学，2013.

[55] 孙湛.公路隧道用光纤 Bragg 光栅火灾探测器及系统[D].西安：西安科技大学，2006.

[56] 朱军，范典.光纤光栅隧道火灾探测器的设计研究[J].武汉：武汉理工大学学报，2007，29(4)：107-109.

[57] 方江平，王宗超，叶俊伟，等.光纤光栅隧道火灾探测器原理及应用案例分析[J].消防技术与产品信息，2015(12)：6-8.

[58] 刘明岩，常宁.基于 ZigBee 和 GPRS 全无线火灾自动报警系统设计[J].消防科学与技术，2015(5)：603-606.

［59］ 刘静，赵望达.基于 ZigBee 技术的火灾报警系统设计［J］.单片机与嵌入式系统应用，2007，7(1)：56-58.

［60］ 周梦林.无线式火灾报警控制系统的设计与应用［J］.消防技术与产品信息，2017(5)：30-32.

［61］ 马兴兵，张向群，易小葱.一种蓝牙无线技术在报警监控系统中的应用设计［J］.信息技术与信息化，2004(2)：39-41.

［62］ 林志坤.无线通信技术的分类及发展［J］.通讯世界，2017(3)：59-60.

［63］ 郎越.无线通信技术的分类及发展趋势分析［J］.中国新通信，2017(14).

［64］ 邢志祥.消防科学与工程设计［M］.北京：清华大学出版社，2014.

［65］ 中华人民共和国公安部.火灾自动报警系统施工及验收标准(GB 50166—2019)［S］.北京：中国计划出版社，2007.

［66］ 中国消防协会学术工作委员会.建筑火灾自动报警技术［M］.北京：化学工业出版社，2006.

图书在版编目(CIP)数据

火灾自动报警系统 / 赵望达主编. —长沙：中南
大学出版社，2023.6
　　ISBN 978-7-5487-5300-1

　　Ⅰ. ①火… Ⅱ. ①赵… Ⅲ. ①火灾自动报警－自动报
警系统 Ⅳ. ①TU998.1

　　中国国家版本馆 CIP 数据核字(2023)第 043634 号

火灾自动报警系统
HUOZAI ZIDONG BAOJING XITONG

赵望达　主编

□出 版 人	吴湘华		
□责任编辑	刘颖维		
□封面设计	李芳丽		
□责任印制	李月腾		
□出版发行	中南大学出版社		
	社址：长沙市麓山南路	邮编：410083	
	发行科电话：0731-88876770	传真：0731-88710482	
□印　　装	长沙市宏发印刷有限公司		

□开　　本	787 mm×1092 mm 1/16	□印张 13.75	□字数 350 千字
□版　　次	2023 年 6 月第 1 版	□印次 2023 年 6 月第 1 次印刷	
□书　　号	ISBN 978-7-5487-5300-1		
□定　　价	58.00 元		

图书出现印装问题，请与经销商调换